인문사회학을 위한 수학

학술연구총서 78

인문사회학을 위한 수학

미분적분학과 응용

최정환

KOREA
UNIVERSITY
PRESS
고려대학교
출판문화원

책머리에

뉴턴과 라이프니츠에 의하여 시작된 미분과 고대 아르키메데스에서 시작된 적분의 개념은 근대 과학의 발전에 초석이 되었다. 현대에 이르러는 자연과학은 물론이고 인문 사회 과학에서도 사회현상을 설명하는 데 미분 적분을 비롯한 여러 수학적 도구들을 사용하여 많은 발전이 이루어지게 되었고 이에 따라 현대에 이르러서는 전공에 상관없이 미분 적분 및 수학에 대한 지식을 필요로 하게 되었다.

이 책은 2003년부터 2015년까지 한 학기 강의인 고려대학교 '인문사회학을 위한 수학' 강의를 토대로 하여 자연과학 전공학생들뿐 아니라 인문사회학을 전공하는 학생들도 미분적분학에 대하여 쉽게 이해하고 자신의 전공에 적용할 수 있도록 여러 가지 구체적인 예들을 들어 집필한 것이다. 함수 및 미분과 적분에 대한 수학적인 엄밀한 정의와 더불어 물리적 현상과 사회과학적 현상에 대한 응용으로 다양하게 구성하였고 여러 전공에서 미분과 적분을 구체적으로 적용할 수 있게 하는 방법들과 예들을 제시하였다. 또한 정확한 값을 구할 수 없는 경우에 신뢰할 수 있는 근삿값을 구하는 방법과 구한 근삿값의 참값과의 차이인 오차를 분석하는 논리적 근거에 대하여 설명하였다. 그리고 독자들이 내용에 대한 이해도를 점검할 수 있는 여러 연습문제들을 포함하였다.

이 책을 발간하는 데 많은 도움을 준 고려대학교출판문화원과 그림에 도움을 준 최명숙 양에게 고마움을 전한다.

저자

차례

1장. 함수

1. 함수의 정의

주어진 집합 A, B에서 임의의 $x \in A$에 대하여 $y \in B$를 일의적으로 대응시키는 규칙을 A에서 B로의 함수(function)라 하고 일반적으로

$$y = f(x)\ ,\ f : x \to y \text{ 또는 } f : A \to B$$

로 표기한다. 이때

f를 함수기호, A를 정의역(domain)

집합 $\{y \in B \mid y = f(x),\ x \in A\}$를 치역(range)

이라 하고,

x를 독립변수(independent variable),

y를 종속변수(dependent variable),

$f(x)$를 $x \in A$에 대한 함수 f의 값

이라 한다. 그리고 $y = f(x)$의 그래프는 좌표평면 위의 점집합

$$\{(x, y) \mid y = f(x),\ x \in A\}$$

로 정의한다.

정의역과 치역으로는 임의의 집합으로 선택할 수 있으나 보통은 수(number)들의 집합을 고려한다. 주어진 함수의 정의역과 치역이 실수(real number)들의 집합으로 되어 있는 경우 그 함수를 실변수 함수라 하고 복소수(complex number)들의 집합으로 되어 있는 경우에는 복소함수라고 한다. 이 책에서는 특별한 예외 경우가 아닌 한 실변수 함수만을 대상으로 한다.

〈예 1〉

$P(x) = a_n x^n + a_{n-1} a^{n-1} + \cdots + a_2 x^2 + a_1 x + a_0$, $a_0, \cdots, a_n$ 은 상수, 을 n 차 다항식

이라 한다. n 차 다항식의 정의역으로는 실수 전체 또는 실수들의 집합의 임의의 부분집합으로 택할 수 있다.

〈예 2〉

함수 $f(x)=\sqrt{1-x^2}$ 의 정의역을 $-1 \le x \le 1$ 으로 하면 치역은 $0 \le y \le 1$ 이다.

〈예 3〉

$f(x)=\sin x$ 의 정의역을 $-\frac{\pi}{2} \le x \le \frac{\pi}{2}$ 로 하면 치역은 $-1 \le y \le 1$ 이고 정의역 $0 \le x \le \frac{\pi}{2}$ 로 하면 치역은 $0 \le y \le 1$ 이다.

두 함수 f, g 가 공통된 정의역을 가질 때 f, g 의 연산을 다음과 같이 정의한다.

$$(f+g)(x) = f(x)+g(x)$$

$$(f-g)(x) = f(x)-g(x)$$

$$(f \cdot g)(x) = f(x)g(x)$$

$$(f/g)(x) = f(x)/g(x).$$

또한 g 의 치역이 f 의 정의역에 속하는 경우 합성함수 $f \circ g$ 를 다음과 같이 정의한다.

$$(f \circ g)(x) = f(g(x)).$$

〈예 4〉

$f(x)=x^2$, $g(x)=\frac{1}{x}+1$ 이면

$$(f+g)(x)=x^2+1+\frac{1}{x}$$

$$(f/g)(x)=\frac{x^2}{(\frac{1}{x}+1)}=\frac{x^3}{1+x}$$

$$(f \circ g)(x)=(1+\frac{1}{x})^2$$

이다. (단, $x \neq -1$)

〈연습문제〉

1. $P_0(x_0, y_0)$, $P_1(x_1, y_1)$, $\cdots$,$P_n(x_n, y_n)$ 을 지나는 n 차 다항식을 구하라.
(hint: $L_i(x) = \dfrac{(x-x_0)(x-x_1)\cdots(x-x_{i-1})(x-x_{i+1})(x-x_{i+2})\cdots(x-x_n)}{(x_i-x_0)(x_i-x_1)\cdots(x_i-x_{i-1})(x_i-x_{i+1})(x_i-x_{i+2})\cdots(x_i-x_n)}$
라 할 때 $L_i(x_k)$ 의 값을 생각해 보라.)

2. 다음과 같이 f, g 가 정의될 때 $f+g$, $f \cdot g$ 를 구하라.

$$f(x) = \begin{cases} 2-x^2, & x \le 0 \\ x, & x > 0 \end{cases} \qquad g(x) = \begin{cases} -2x, & x < 1 \\ 1-x, & x \ge 1 \end{cases}$$

3. 다음에서 합성함수 $f \circ g$ 를 각각 구하라.

(a) $f(x) = x^3$, $g(x) = 1-3x$ (b) $f(x) = x^2-1$, $g(x) = x(x-2)$

(c) $f(x) = \dfrac{1}{\sqrt{x-1}}$, $g(x) = x(x-2)$

(d) $f(x) = \begin{cases} 1-2x, & x < 1 \\ 1+2x, & x \ge 1 \end{cases}$, $g(x) = \begin{cases} x^2, & x < 0 \\ 1-x, & x \ge 0 \end{cases}$

4. 문제 3(c) 에서 구한 $f \circ g$ 의 정의역은 어떻게 되는가?

2. 역함수(Inverse function)

[정의 1.2.1]
$f : A \to B$ 에서 서로 다른 모든 $x_1, x_2 \in A$ 에 대하여 $f(x_1) \neq f(x_2)$ 가 되는 경우 $f(x)$ 를 1-1함수(one to one function) 이라고 한다.

〈예 1〉

$f(x)=x^n$ 은 n 이 홀수이면 1-1함수이다.

[증명]

$$f(x_1)-f(x_2)=x_1^n-x_2^n$$
$$=(x_1-x_2)(x_1^{n-1}+x_1^{n-2}x_2+x_1^{n-3}x_2^2+\cdots+x_1x_2^{n-2}+x_2^{n-1})$$

이므로, $x_1 \neq x_2$ 이면

$$x_1-x_2\neq 0,$$
$$x_1^{n-1}+x_1^{n-2}x_2+x_1^{n-3}x_2^2+\cdots+x_1x_2^{n-2}+x_2^{n-1}\neq 0$$

이고 따라서

$$f(x_1)-f(x_2)\neq 0$$

가 되므로 $f(x)=x^n$ 은 1-1함수이다.

〈예 2〉

$f(x)=\sin x$ 는 정의역이 실수 전체이면 1-1함수가 아니지만 정의역을 $-\frac{\pi}{2}\leq x\leq \frac{\pi}{2}$ 로 하면 1-1함수가 된다.

〈예 3〉

$f(x)=\begin{cases} 1 & x\text{는 유리수} \\ -1 & x\text{는 무리수} \end{cases}$ 는 정의역이 구간으로 주어지는 경우 길이가 0이 아닌 구간에는 유리수와 무리수가 언제나 존재하므로 1-1함수가 될 수 없다.

[정의 1.2.2]

정의역이 A 이고 치역이 B 인 1-1함수 $f(x)$ 에 대하여 $f^{-1}(x)$ 는 정의역이 B 이고 치역이 A 인 함수로서 $f^{-1}(y)=x \Leftrightarrow f(x)=y$ 가 되는 함수로서 $f(x)$ 의 역함수(Inverse function)라고 한다.

역함수의 정의로부터 모든 $x \in A$ 에 대하여 $f^{-1}(f(x)) = x$ 이고 모든 $x \in B$ 에 대하여 $f(f^{-1}(x)) = x$ 가 되는 것을 알 수 있다.

〈예 4〉

$y = x^3$ 이면 $y^{1/3} = (x^3)^{1/3} = x$ 이고 $f(x) = x^3$ 의 역함수는 $f^{-1}(x) = x^{1/3}$ 이다.

〈연습문제〉

1. $f(x) = \begin{cases} 1 & x\text{는 유리수} \\ -1 & x\text{는 무리수} \end{cases}$ 가 1-1함수가 되게 하는 $f(x)$ 정의역은?

2. 1-1함수의 그래프는 어떤 모양을 갖는가?

3. $f(x)$ 가 1-1함수일 때 $y = f(x)$ 그래프와 $y = f^{-1}(x)$ 의 그래프가 $y = x$ 에 대하여 대칭인 이유를 설명하라.

4. 다음 각각의 함수가 역함수를 갖게 되는 정의역은?

(a) $f(x) = x^n$ (n 은 자연수) (b) $f(x) = \dfrac{1}{x}$

(c) $f(x) = x^2 + x + 2$

5. 다음에서 1-1인 함수를 찾고 그 역함수를 구하라.

(a) $f(x) = 1 - x^2$ (b) $f(x) = x^5 + 1$

(c) $f(x) = 1 + 3x^3$ (d) $f(x) = (2 - 3x^2)^3$

(e) $f(x) = \dfrac{1}{(1-x)} - 1$

3. 삼각함수와 역삼각함수(Inverse trigonometric function)

3.1 삼각함수

<그림 1.3.1>과 같이 원점 O를 중심으로 하고 반지름이 1인 단위원 위의 점 $P(x,y)$에 대하여 선분 $\overline{OP}$와 양의 x축이 이루는 각을 θ라 하고 $x=\cos\theta$, $y=\sin\theta$로서 삼각함수 $\cos\theta$와 $\sin\theta$가 정의된다. 이때 θ를 측정할 때 각을 재는 방향이 양의 x축으로부터 시계 반대 방행이면 θ는 양의 값을 갖고 시계방향이면 음의 값을 갖는다.

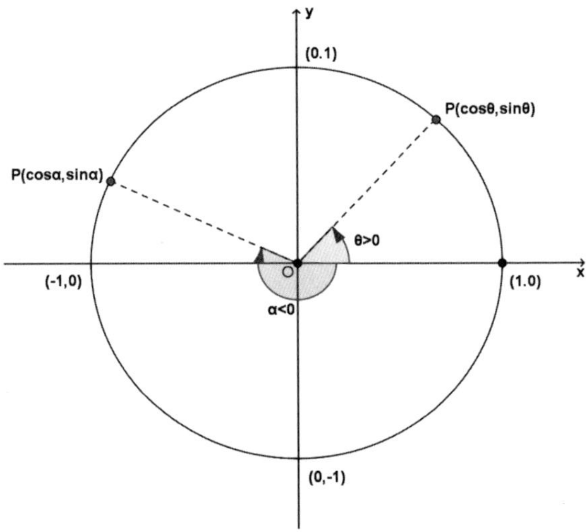

그림 1.3.1

그리고

$$\tan\theta = \frac{\sin\theta}{\cos\theta}, \ \sec\theta = \frac{1}{\cos\theta}$$

$$\csc\theta = \frac{1}{\sin\theta}, \ \cot\theta = \frac{1}{\tan\theta}$$

로 정의되며 정의로부터 쉽게 알 수 있듯이 $\cos\theta$, $\sin\theta$, $\sec\theta$, $\csc\theta$ 는 주기가 2π, $\tan\theta$ 와 $\cot\theta$ 는 주기가 π 인 주기함수이며 다음의 등식들이 성립하게 된다.

〈삼각함수의 기본 성질〉

(A) $\cos(-\alpha)=\cos\alpha$ $\sin(-\alpha)=-\sin\alpha$ $\tan(-\alpha)=-\tan\alpha$

$\sin^2\alpha+\cos^2\alpha=1$ $\sec^2\alpha=1+\tan^2\alpha$

$\sin(\alpha-\frac{\pi}{2})=-\cos\alpha$ $\sin(\alpha+\frac{\pi}{2})=\cos\alpha$

$\cos(\alpha-\frac{\pi}{2})=\sin\alpha$ $\cos(\alpha+\frac{\pi}{2})=-\sin\alpha$

(B) (i) $\cos(\alpha-\beta)=\cos\alpha\cos\beta+\sin\alpha\sin\beta$

(ii) $\cos(\alpha+\beta)=\cos\alpha\cos\beta-\sin\alpha\sin\beta$

(iii) $\sin(\alpha+\beta)=\sin\alpha\cos\beta+\cos\alpha\sin\beta$

(iv) $\sin(\alpha-\beta)=\sin\alpha\cos\beta-\cos\alpha\sin\beta$

(v) $\tan(\alpha+\beta)=\dfrac{\tan\alpha+\tan\beta}{1-\tan\alpha\tan\beta}$

(vi) $\tan(\alpha-\beta)=\dfrac{\tan\alpha-\tan\beta}{1+\tan\alpha\tan\beta}$

(C) (i) $\cos(2\alpha)=\cos^2\alpha-\sin^2\alpha$ (ii) $\sin(2\alpha)=2\sin\alpha\cos\alpha$

(iii) $\tan(2\alpha)=\dfrac{2\tan\alpha}{1-\tan^2\alpha}$

(D) (i) $\cos\alpha\cos\beta=\dfrac{\cos(\alpha+\beta)+\cos(\alpha-\beta)}{2}$

(ii) $\sin\alpha\sin\beta=\dfrac{\cos(\alpha-\beta)+\cos(\alpha+\beta)}{2}$

(iii) $\sin\alpha\cos\beta=\dfrac{\sin(\alpha+\beta)+\sin(\alpha-\beta)}{2}$

[증명]

(A)는 정의로부터 자명하므로 증명을 생략한다.

(B)

(i) <그림 1.3.2>에서와 같이 $\alpha > \beta$, $P_1(\cos\alpha, \sin\alpha)$, $P_2(\cos\beta, \sin\beta)$를 정하면 $\angle P_1OP_2 = \alpha - \beta$ 이므로 $\triangle OP_1P_2$ 에서 삼각형의 코사인 법칙에 의하여

$$(\overline{P_1P_2})^2 = (\overline{OP_1})^2 + (\overline{OP_2})^2 - 2\overline{OP_1}\,\overline{OP_2}cos\,(\alpha-\beta)$$

$$= 1^2 + 1^2 - 2 \cdot 1 \cdot 1 \cdot \cos(\alpha-\beta)$$

$$= 2 - 2\cos(\alpha-\beta)$$

이다.

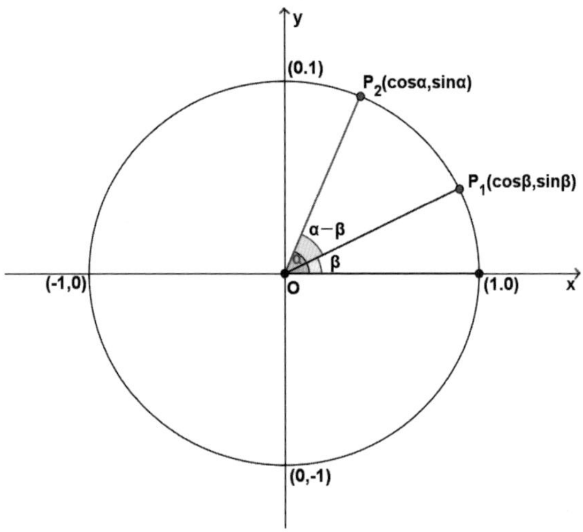

그림 1.3.2

한편,

$$\overline{P_1P_2} = \sqrt{(\cos\alpha - \cos\beta)^2 + (\sin\alpha - \sin\beta)^2}$$

이므로

$$
\begin{aligned}
(\overline{P_1P_2})^2 &= (\cos\alpha-\cos\beta)^2+(\sin\alpha-\sin\beta)^2 \\
&= \cos^2\alpha+\sin^2\alpha+\cos^2\beta+\sin^2\beta-2(\cos\alpha\cos\beta+\sin\alpha\sin\beta) \\
&= 2-2(\cos\alpha\cos\beta+\sin\alpha\sin\beta)
\end{aligned}
$$

이다. 따라서

$$\cos(\alpha-\beta)=\cos\alpha\ \cos\beta+\sin\alpha\ \sin\beta$$

이다.

(ii) $\cos(\alpha+\beta)=\cos(\alpha-(-\beta))$ 이므로

$$
\begin{aligned}
\cos(\alpha+\beta) &= \cos\alpha\cos(-\beta)+\sin\alpha\sin(-\beta) \\
&= \cos\alpha\cos\beta-\sin\alpha\sin\beta
\end{aligned}
$$

이다.

(iii) $\sin(\alpha+\beta)=\cos(\alpha+\beta-\frac{\pi}{2})$ 이므로

$$
\begin{aligned}
\sin(\alpha+\beta) &= \cos(\alpha-\frac{\pi}{2}+\beta) \\
&= \cos(\alpha-\frac{\pi}{2})\cos\beta-\sin(\alpha-\frac{\pi}{2})\sin\beta \\
&= \sin\alpha\cos\beta+\cos\alpha\sin\beta
\end{aligned}
$$

이다.

(iv) - (vi), (C), (D)도 유사하게 증명할 수 있고 연습문제로 한다.

3.2 역삼각함수

$f(x)=\sin x$ 의 정의역을 $-\infty<x<\infty$ 로 하면 $\sin x$ 는 1-1함수가 아니다 (그림1.3.3). 가령 임의의 정수 n 에 대하여 $\sin(n\pi+(-1)^n\frac{\pi}{6})=\frac{1}{2}$ 이다. 그러나 정의역을 $-\frac{\pi}{2}\le x\le\frac{\pi}{2}$ 로 국한하면 1-1함수가 되므로 역함수

가 존재한다. 이 역함수를 $\sin^{-1}x$ 로 표기하고 inverse sine x 또는 $arcsine\, x$ 라고 읽는다.

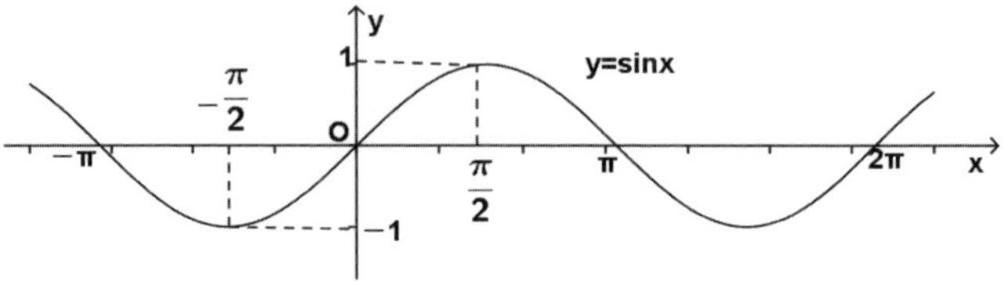

그림 1.3.3 $y = \sin x$ 의 그래프

[정의 1.3.1] Inverse sine x

$$y = \sin^{-1}x \Leftrightarrow x = \sin y,\ -\frac{\pi}{2} \le y \le \frac{\pi}{2},\ -1 \le x \le 1.$$

〈예 1〉

$$\sin^{-1}(1/2) = \frac{\pi}{6},\ \sin(\sin^{-1}\frac{3}{5}) = \frac{3}{5},$$

$$\sin^{-1}(\sin\frac{\pi}{3}) = \frac{\pi}{3},\ \sin^{-1}(\sin 2\pi) = 0,$$

$$\sin^{-1}(\sin\frac{7\pi}{5}) = \frac{2\pi}{5}.$$

$\sin^{-1}x$ 의 정의로부터 보면 다음과 같은 성질을 갖는 것을 알 수 있다.

[정리 1.3.1]

(a) $\sin(\sin^{-1}x) = x,\ -1 \le x \le 1$

(b) $\sin^{-1}(\sin x) = x,\ -\frac{\pi}{2} \le x \le \frac{\pi}{2}$

(c) $\cos(\sin^{-1}x) = \sqrt{1-x^2}$

[증명]

(a)와 (b)는 자명하므로 (c)를 증명하도록 한다.

$y=\sin^{-1}x$ 라 놓으면

$$\cos(\sin^{-1}x)=\cos y=\pm\sqrt{1-\sin^2 y}$$

이다. 그런데

$$\sin y=\sin(\sin^{-1}x)=x$$

이므로

$$\cos y=\pm\sqrt{1-x^2}$$

가 되고, 따라서

$$\cos(\sin^{-1}x)=\pm\sqrt{1-x^2}$$

이 된다. 그런데

$$-\frac{\pi}{2}\le\sin^{-1}x\le\frac{\pi}{2}$$

이므로

$$\cos(\sin^{-1}x)>0$$

이고 따라서

$$\cos(\sin^{-1}x)=\sqrt{1-x^2}$$

이다.

〈예 2〉

$\cos(\sin^{-1}\frac{1}{3})$의 값을 구하라.

[풀이]

$$\cos(\sin^{-1}\frac{1}{3})=\sqrt{1-(\frac{1}{3})^2}=\sqrt{\frac{8}{9}}.$$

$\cos x$ 와 $\tan x$ 의 경우도 정의역을 $-\infty<x<\infty$ 로 하면 1-1함수가 아니지만 $\cos x$ 의 경우에는 정의역을 $0\le x\le\pi$ 로 $\tan x$ 의 경우에는 정의역을 $-\frac{\pi}{2}<x<\frac{\pi}{2}$ 국한하면 1-1함수가 되므로 역함수가 존재한다. 이 역함수들

을 각각 $\cos^{-1}x$ (inverse cosine x 또는 *arcosine* x)와 $\tan^{-1}x$ (inverse tangent x 또는 arc tangent x)라고 한다. 이에 따라 다음과 같이 $\cos^{-1}x$ 와 $\tan^{-1}x$ 를 정의한다.

[정의 1.3.2]

$$y=\cos^{-1}x \Leftrightarrow x=\cos y,\ 0 \le y \le \pi,\ -1 \le x \le 1$$

$$y=\tan^{-1}x \Leftrightarrow x=\tan y,\ -\frac{\pi}{2}< y < \frac{\pi}{2}.$$

〈예 3〉

$$\cos^{-1}(1/2)=\frac{\pi}{3},\ \cos(\cos^{-1}\frac{3}{4})=\frac{3}{4},\ \cos^{-1}(\cos\frac{\pi}{3}) = \frac{\pi}{3},$$

$$\cos^{-1}(\cos 3\pi) = \pi,\ \cos^{-1}(\cos\frac{9\pi}{5}) = \frac{\pi}{5},\ \tan^{-1}(1)=\frac{\pi}{4},$$

$$\tan(\tan^{-1}-3)=-3,\ \tan^{-1}(\tan\frac{\pi}{3}) = \frac{\pi}{3},\ \tan^{-1}(\tan 5\pi) = 0,$$

$$\tan^{-1}(\tan-\frac{7\pi}{5}) = -\frac{2\pi}{5},\ \tan^{-1}(\tan-\frac{8\pi}{5}) = \frac{2\pi}{5}.$$

다음의 등식들도 <정리 1.3.1>에서의 경우와 마찬가지 방법으로 증명할 수 있다.

[정리 1.3.2]

(a) $\cos(\cos^{-1}x)=x,\ -1 \le x \le 1$

(b) $\cos^{-1}(\cos x) = x,\ -0 \le x \le \pi$

(c) $\sin(\cos^{-1}x)=\sqrt{1-x^2}$

(d) $\tan(\tan^{-1}x)=x$

(e) $\tan^{-1}(\tan x) = x,\ -\frac{\pi}{2}< x < \frac{\pi}{2}$

(f) $\tan(\sin^{-1}x)=\frac{x}{\sqrt{1-x^2}},\ -1 \le x \le 1$

〈예 4〉

$\tan(\sin^{-1}\frac{1}{3})$ 의 값을 구하라.

[풀이]

$$\tan(\sin^{-1}\frac{1}{3}) = \frac{\frac{1}{3}}{\sqrt{1-(\frac{1}{3})^2}} = \frac{\sqrt{2}}{4} \text{ 이다.}$$

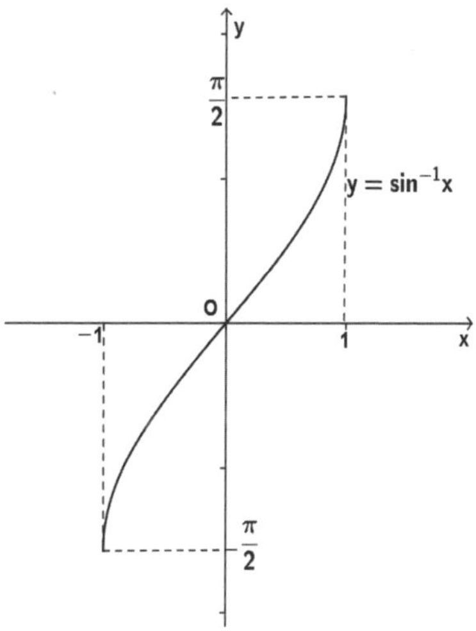

그림 1.3.3 $y = \sin^{-1}x$ 의 그래프

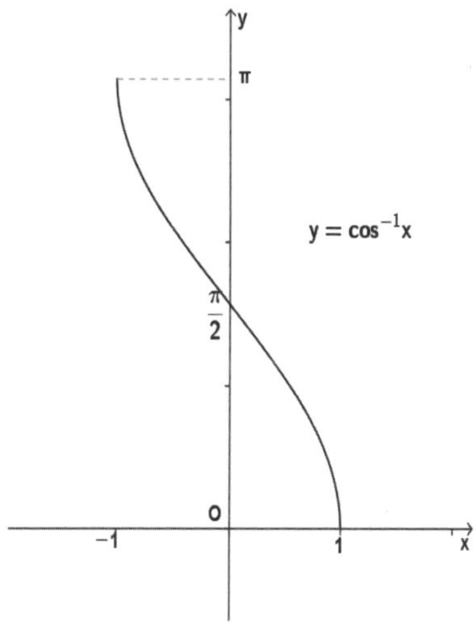

그림 1.3.4 $y = \cos^{-1}x$ 의 그래프

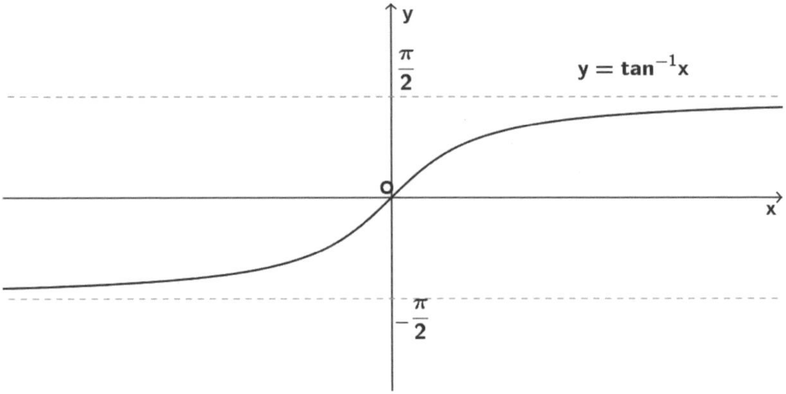

그림 1.3.5 $y = \tan^{-1}x$ 의 그래프

〈연습문제〉

1. (a) $\cos\alpha$ 과 $\sin\alpha$ 을 사용하여 $\cos 3\alpha$ 을 나타내라.
   (b) $\cos\alpha$ 과 $\sin\alpha$ 을 사용하여 $\sin 3\alpha$ 을 나타내라.
   (c) $\tan\alpha$ 을 사용하여 $\tan 3\alpha$ 을 나타내라.

2. 다음 값들을 구하라.
   (a) $\sin\frac{5\pi}{12}$ (b) $\cos\frac{5\pi}{12}$ (c) $\sin\frac{\pi}{8}$ (d) $\cos\frac{\pi}{16}$

3. α 가 1사분면에 있는 각으로 $\cos\alpha = \frac{4}{5}$ 이고 β 는 2사분면에 있는 각으로 $\sin\beta = \frac{12}{13}$ 이다. $\alpha + \beta$ 는 몇 사분면에 있는 각인가?

4. 두 직선 $3x - 4y = 1$ 과 $2x + 6y = 3$ 사이의 각을 구하라.

5. 삼각함수의 성질 (b) (iv)-(vi), (c), (d)를 증명하라.

6. 직각삼각형이 아닌 삼각형의 세 각을 α, β, γ 라 할 때,

$$\tan\alpha + \tan\beta + \tan\gamma = \tan\alpha \quad \tan\beta \quad \tan\gamma$$

임을 보이라.

7. $\sin 1^o \sin 3^o \sin 5^o \cdots \sin 175^o\sin 177^o \sin 179^o$ 의 값을 구하라.

8. 다음의 값들을 구하라

(a) $\sin^{-1}\dfrac{\sqrt{3}}{2}$ (b) $\cos^{1}(-1)$

(c) $\tan^{-1}\sqrt{3}$ (d) $\tan^{-1}(\tan\dfrac{14\pi}{5})$

(e) $\cos(2\sin^{-1}\dfrac{1}{5})$ (f) $\sin(\cos^{-1}\dfrac{1}{4} + \sin^{-1}\dfrac{1}{3})$

9. 다음 함수들을 간단히 하라.

(a) $\tan(\sin^{-1}x)$ (b) $\cos(\tan^{-1}x)$

(c) $\sin(2\cos^{-1}x)$

10. $\tan^{-1}\dfrac{1}{2} + \tan^{-1}(-\dfrac{1}{3})$ 을 간단히 하라.

11. 다음 등식을 증명하여라.

$$\sin^{-1}\sqrt{1-x^2} = \begin{cases} \cos^{-1}x, & 0 \le x \le 1 \\ \pi - \cos^{-1}x, & -1 \le x \le 0 \end{cases}$$

12. $-1 \le x \le 1$ 인 x 에 대하여

$$\sin^{-1}x + \cos^{-1}x = \frac{\pi}{2}$$

임을 보이라.

13. <정리 1.3.2>의 (c)와 (f)를 증명하라.

4. 삼각함수의 응용

삼각함수는 자연과학과 사회과학에서 가장 많이 쓰이는 수학적 도구로서 그 응용의 범위가 매우 넓다. 이 섹션에서는 좌표와 복소수 그리고 급수에서의 활용에 대하여 간단히 다루기로 한다.

4.1 극좌표계(Polar Coordinate System)

좌표 평면상에서 점의 위치를 표현할 때 그 점의 x 좌표와 y 좌표를 사용하는 직교좌표계(Rectangular coordinate system)를 사용할 수 있지만 그 점의 원점으로부터의 거리와 x 축의 양의 방향으로부터의 각도를 사용하여 정의하는 극좌표계(Polar coodinate system)를 사용하여 점의 위치를 표시하면 보다 편리하고 수학적으로 다루기에 유리한 경우가 상당히 있다. 이에 따라 극좌표계를 다음과 같이 정의하여 사용한다.

좌표평면 위의 점 P에 대하여 원점 O 에서부터 P까지의 거리를 r 이라 하고 x 축의 양의 방향과 선분 $\overline{OP}$ 가 이루는 각을 θ 라고 하면 순서쌍 (r,θ) 로써 P 의 위치를 표시할 수 있다. 이 (r,θ) 를 P 의 극좌표(polar coordinate)라고 한다. 즉, 어느 점을 극좌표 (r,θ) 로 표시하였다면 그 점이 x 축의 양의 방향으로부터 θ 만큼 회전한 방향으로 원점으로부터 거리 r 만큼 떨어져 있다는 의미이다. 이때, x 축의 양의 방향과 선분 $\overline{OP}$ 가 이루는 각 θ 가 x 축의 양의 방향으로부터 시계 반대 방향으로 측정되었을 경우 θ 는 양의 값을 갖고 시계 방향으로 측정되었을 경우에는 음의 값을 갖는다. 때로 극좌표의 r 이 음의 값을 갖기도 하는데, 점 P 의 극좌표 (r,θ) 에서 $r<0$ 이면 P 의 위치가 x 축의 양의 방향으로부터 θ 만큼 회전한 방향의 반대 방향으로 원점으로부터 $|r|$ 만큼의 거리가 떨어져 있다는 의미이다.

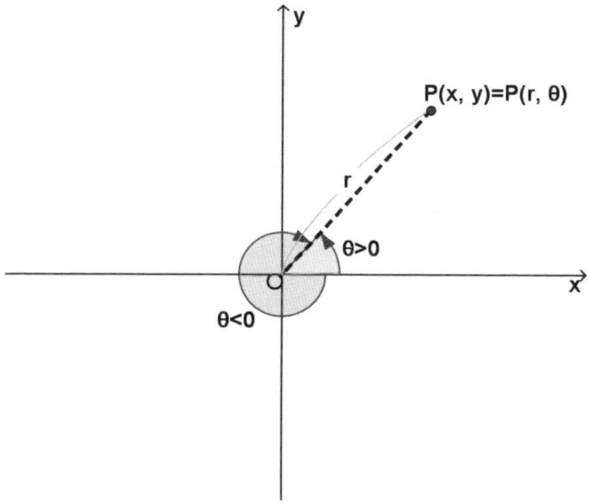

그림 1.4.1 직교좌표와 극좌표

직교좌표계에서는 한 점에 대한 좌표가 유일하게 주어지지만 극좌표계에서는 같은 점을 표현하는 방법이 여러 가지가 있다. 예를 들어 극좌표 $(1,\frac{5\pi}{4})$ 와 $(1,\ -\frac{3\pi}{4})$, $(1,\frac{13\pi}{4})$, $(-1,\frac{\pi}{4})$ 는 같은 점을 표시한다. 실제로 시계 반대 방향으로 한 바퀴 도는 것은 각도 2π 에 해당하므로 극좌표 (r,θ) 와 $(r,\theta+2n\pi)$, $(-r,\theta+(2n+1)\pi)$ 는 같은 점을 표시한다.

<그림 1.4.1>에서 볼 수 있듯이 극좌표계와 직교좌표계는 다음과 같은 관계를 갖는다.

$$x=r\cos\theta,\ y=r\sin\theta,\ r^2=x^2+y^2,\ \tan\theta=\frac{y}{x}.$$

〈예제〉

(a) 극좌표 $(3,\frac{\pi}{3})$ 를 직교좌표로 표시하라.

(b) 직교좌표 $(-1,\ \sqrt{3})$ 을 극좌표로 표시하라.

(c) 직교 방정식 $x+y=1$을 극방정식으로 환원하라.

(d) 극방정식 $r=\dfrac{2}{1+\cos\theta}$를 직교 방정식으로 환원하라.

[풀이]

(a) $x=r\cos\theta$, $y=r\sin\theta$ 이므로 직교좌표에서의 x 좌표는 $3\cos\dfrac{\pi}{3}=\dfrac{3}{2}$ 이고 y 좌표는 $3\sin\dfrac{\pi}{3}=\dfrac{3\sqrt{3}}{2}$ 이다. 따라서 극좌표 $(3,\dfrac{\pi}{3})$ 에 대응하는 직교좌표는 $(\dfrac{3}{2},\dfrac{3\sqrt{3}}{2})$ 이다.

(b) $r=\sqrt{(-1)^2+(\sqrt{3})^2}=2$, $\theta=\tan^{-1}(-\sqrt{3})=\dfrac{2\pi}{3}$ 이므로 극좌표로 표시하면 $(2,\dfrac{2\pi}{3}+2n\pi)$, n 은 정수 , 또는 $(-2,-\dfrac{\pi}{3}+2n\pi)$, n 은 정수, 이다.

(c) $x=r\cos\theta$, $y=r\sin\theta$ 이므로 $r\cos\theta+r\sin\theta=1$ 이고 따라서 $r=\dfrac{1}{\cos\theta+\sin\theta}$ 이다.

(d) $r(1+\cos\theta)=2$ 이므로 $r=2-r\cos\theta=2-x$ 이고 $r^2=x^2+y^2$ 이므로 $x^2+y^2=2-x$ 이다. 따라서 중심이 $(-\dfrac{1}{2},0)$ 이고 반지름이 $\dfrac{\sqrt{3}}{4}$ 인 원의 방정식이 된다.

극방정식 $r=f(\theta)$ 의 그래프는 집합 $\{(r,\theta)|r=f(\theta)\}$ 즉 극방정식 $r=f(\theta)$ 를 만족하는 모든 점들을 모아 놓은 것이다. 여기서 (r,θ) 는 극좌표이다. 예를 들어 극방정식 $r=\cos\theta$ 의 그래프를 그리기 위해 여러 θ 값에 대응하는 r 을 구하여 표를 만들면 다음과 같다.

θ	0	$\frac{\pi}{6}$	$\frac{\pi}{4}$	$\frac{\pi}{3}$	$\frac{\pi}{2}$	$\frac{2\pi}{3}$	$\frac{3\pi}{4}$	$\frac{5\pi}{6}$	π
$r(=\cos\theta)$	1	$\frac{\sqrt{3}}{2}$	$\frac{\sqrt{2}}{2}$	$\frac{1}{2}$	0	$-\frac{1}{2}$	$-\frac{\sqrt{2}}{2}$	$-\frac{\sqrt{3}}{2}$	-1

위의 표에서 주어지는 극좌표(r,θ) 들을 좌표 평면에 표시하고 부드러운 곡선으로 이으면 $r=\cos\theta$ 의 그래프의 개형이 원이 되는 것을 알 수 있다. (θ 가 π 보다 큰 경우에는 같은 점들이 반복해서 나타난다.) 실제로 $r=\cos\theta$ 의 양변에 r 을 곱하면 $r^2=r\cos\theta$ 이고 이를 직교 방정식으로 변환하면 $x^2+y^2=x$ 이어서 그 그래프가 $(\frac{1}{2},0)$ 을 중심으로 하고 반지름이 $\frac{1}{2}$ 인 원이 된다.

〈예제〉 $r=1-\cos\theta$ 의 그래프를 그려라.

[풀이]

$0 \le \theta \le 2\pi$ 에 대응하는 r 에 대하여 표를 만들면 다음과 같다.

θ	$0 \to \frac{\pi}{2}$	$\frac{\pi}{2} \to \pi$	$\pi \to \frac{3\pi}{2}$	$\frac{3\pi}{2} \to 2\pi$
$\cos\theta$	$1 \to 0$	$0 \to -1$	$-1 \to 0$	$0 \to 1$
$r\ (=1-\cos\theta)$	$0 \to 1$	$1 \to 2$	$2 \to 1$	$1 \to 0$

따라서 $r=1-\cos\theta$ 의 그래프는 다음과 같다.

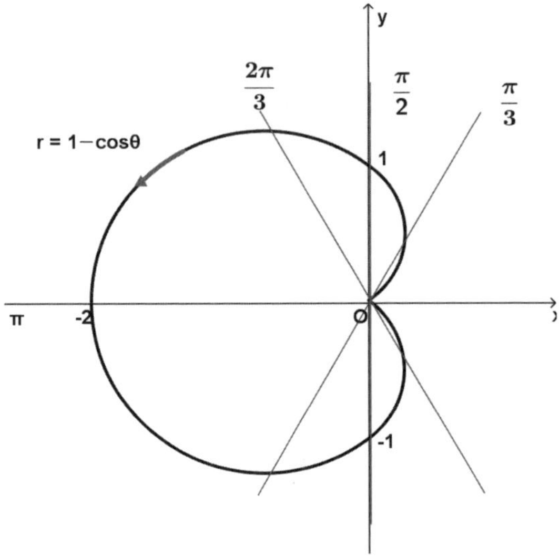

〈연습문제〉

1. 극좌표로 다음과 같이 표시되는 점의 위치를 좌표 평면 위에 표시하라.

(a) $(1, \frac{5\pi}{4})$ (b) $(2, 5\pi)$ (c) $(3, -\frac{2\pi}{3})$

(d) $(-1, \frac{3\pi}{4})$ (e) $(-2, -\frac{\pi}{2})$

2. (a) 극좌표 $(2, \frac{2\pi}{3})$ 를 직교좌표로 표시하라.

(b) 직교좌표 $(1, -1)$ 을 극좌표로 표시하라.

(c) 다음 직교 방정식들을 극방정식으로 환원하라.

(i) $x^2+y^2=4$ (ii) $Ax+By+C=0$

(iii) $x^2-y^2=a^2$ (iv) $x^2+y^2+x=\sqrt{x^2+y^2}$

(d) 다음 극방정식을 직교 방정식으로 환원하라.

(i) $r\cos\theta = 3$ (ii) $\theta=\frac{\pi}{4}$

(iii) $r=\dfrac{2}{1-\cos\theta}$ (iv) $r=1-2\cos\theta$

(v) $r=\cos2\theta$

3. 다음 극방정식의 그래프를 그려라.

(a) $r=2-\cos\theta$ (b) $r=1-2\cos\theta$

(c) $r=2\sin\theta$

4. 극좌표 (r_1, θ_1) 과 (r_2, θ_2) 사이의 거리가 $\sqrt{r_1^2+r_2^2-2r_1r_2\cos(\theta_1-\theta_2)}$ 임을 보이라.

4.2 복소수의 극형식(Polar form of complex numbers)

극좌표에서와 마찬가지로 복소평면에서 복소수의 위치를 표현하는 데 거리와 각도를 사용하면 복소수를 수학적으로 다루는 데 여러 가지 편리한 점이 있다. 이러한 방식을 복소수의 극형식이라 하고 다음과 같이 정의된다.

[정의 1.4.1] 복소수의 극형식

복소수 $z=a+bi$, a,b 는 실수에 대하여, 복소수 평면의 원점에서 $a+bi$ 를 잇는 선분과 실수축의 양의 방향과 이루는 각을 θ 라 하고

$$r=|z|=|a+bi| = \sqrt{a^2+b^2}$$

로 놓으면 $a = r\cos\theta$, $b = r\sin\theta$ 이고,

$$z=a+bi = r(\cos\theta+i\sin\theta)$$ 이다.

〈예제〉

다음 복소수를 극형식으로 표현하라

(a) $1+i$ (b) $-1+i$

(c) $1-\sqrt{3}i$ (d) $-\sqrt{3}-i$

[풀이]

(a) $r=\sqrt{1^2+1^2}=\sqrt{2}$, $\theta=\frac{\pi}{4}$이므로

$$1+i=\sqrt{2}\left(\cos\frac{\pi}{4}+i\sin\frac{\pi}{4}\right)$$

이다.

(b) ~ (d)도 같은 방법으로 풀 수 있다.

복소수를 극형식으로 표현하면 삼각함수의 성질을 이용하여 다음의 등식들을 쉽게 증명할 수 있다.

[정리 1.4.1]

복소수 U, V에 대하여 $U=r(\cos\alpha+i\sin\alpha)$, $V=s(\cos\beta+i\sin\beta)$라 놓으면

(a) $U\cdot V=rs[\cos(\alpha+\beta)+i\sin(\alpha+\beta)]$

(b) $\frac{U}{V}=\frac{r}{s}[\cos(\alpha-\beta)+i\sin(\alpha-\beta)]$

이다.

[증명]

(a) $U\cdot V=r(\cos\alpha+i\sin\alpha)\cdot s(\cos\beta+i\sin\beta)$

$$=rs[(\cos\alpha\cos\beta-\sin\alpha\sin\beta)+i(\sin\alpha\cos\beta+\cos\alpha\sin\beta)]$$

$$=rs[\cos(\alpha+\beta)+i\sin(\alpha+\beta)]$$

이다.

(b) <정리 1.4.1>의 따름정리로서 다음의 드 무아브르(De Moivre)의 정리를 증명할 수 있다. 드 무아브르 정리의 증명은 연습문제로 한다.

[따름정리) De Moivre 정리

$$(r(\cos\theta + i\sin\theta))^n = r^n(\cos n\theta + i\sin n\theta)$$

〈예제〉 드 무아브르(De Moivre) 정리를 사용하여 $(1+i)^{10}$ 을 전개하라.

[풀이]

$1+i$ 를 극형식으로 바꾸면

$$1+i = \sqrt{2}(\cos\frac{\pi}{4} + i\sin\frac{\pi}{4})$$

이므로 드 무아브르의 정리에 의하여

$$\begin{aligned}(1+i)^{10} &= (\sqrt{2})^{10}(\cos(10\cdot\frac{\pi}{4}) + i\sin(10\cdot\frac{\pi}{4})) \\ &= 32(\cos\frac{5\pi}{2} + i\sin\frac{5\pi}{2}) \\ &= 32i\end{aligned}$$

이다.

〈연습문제〉

1. $U = r(\cos\alpha + i\sin\alpha)$, $V = s(\cos\beta + i\sin\beta)$ 라 놓으면
   $\frac{U}{V} = \frac{r}{s}[\cos(\alpha-\beta) + i\sin(\alpha-\beta)]$ 임을 보이라.

2. 다음 복소수의 제곱식을 전개하라.
   (a) $(\sqrt{3}+i)^3$ (b) $(-1+i)^{24}$
   (c) $(\sqrt{3}-i)^{20}$

3. (a) $u^{16} = 1$ 인 u 를 모두 구하라.
   (b) $1+u+u^2+u^3+\cdots+u^{15}$ 를 구하라.
   (c) $1\cdot u\cdot u^2\cdot \cdots \cdot u^{15}$ 를 구하라.
   (d) $(1+u)(1+u^2)(1+u^4)(1+u^8)(1+u^{16})$ 을 구하라.

4. 수학적 귀납법을 사용하여 드 무아브르의 정리를 증명하라.

4.3 푸리에 급수(Fourier series)

연속함수는 푸리에 급수(Fourier series)라고 하는 삼각함수들의 급수로서 표현이 가능하고 이러한 사실은 편미분방정식 등 수학적인 내용뿐 아니라 자연과학, 사회과학에서 강력한 수리적 도구로 쓰인다. 여기서는 푸리에 급수를 소개만 하고 5장 '적분의 용용'에서 다시 언급하기로 한다.

[정리 1.4.2] 푸리에 급수(Fourier series)

함수 $f(x)$ 와 $f'(x)$ 가 $-\pi \leq x \leq \pi$ 에서 연속이면 $-\pi < x < \pi$ 인 x 에 대하여

$$f(x) = \frac{a_0}{2} + \sum_{n=1}^{\infty}(a_n \cos nx + b_n \sin nx) \ ,$$

$$a_n = \frac{1}{\pi}\int_{-\pi}^{\pi} f(x)\cos nx \, dx \ , \ n = 0,1,2,\cdots$$

$$b_n = \frac{1}{\pi}\int_{-\pi}^{\pi} f(x)\sin nx \, dx \ , \ n = 1,2,3,\cdots$$

이다.

5. 함수의 극한과 연속

x 가 a 로 다가갈 때 함수 $f(x)$ 의 값이 L 로 접근해 갈 때 L 을 함수 $f(x)$ 의 $x \to a$ 에 대한 극한값이라 하고 $\lim_{x \to a} f(x) = L$ 로 표기한다. 이 섹션에서는 극한값에 대하여 수학적인 엄밀한 정의를 소개한다. 이러한 엄밀한 정의는 극

한을 논증적으로 다룰 때 쓰는 방법이며 구체적으로 극한값을 구하는 방법은 아니다.

> **[정의 1.5.1] 극한값의 정의 ($\epsilon - \delta$ 방법)**
>
> 임의의 양수 ϵ에 대하여 양수 δ가 존재하여 $0 < |x-a| < \delta$이면 $|f(x)-L| < \epsilon$이 성립하게 되면 L을 함수 $f(x)$의 $x \to a$에 대한 극한값이라 하고 $\lim_{x \to a} f(x) = L$로 표기한다.
>
> 여기서 δ는 ϵ과 x에 따라 값이 달라질 수 있다.

위의 정의를 직관적으로 설명하면 임의의 양수 ϵ이 주어지면 a로부터 δ 이하로 떨어져 있는 모든 x에 대하여 함숫값 $f(x)$는 L에서 ϵ 이하로 떨어져 있게 되는 δ가 존재하게 된다는 의미이다(그림 1.4.1).

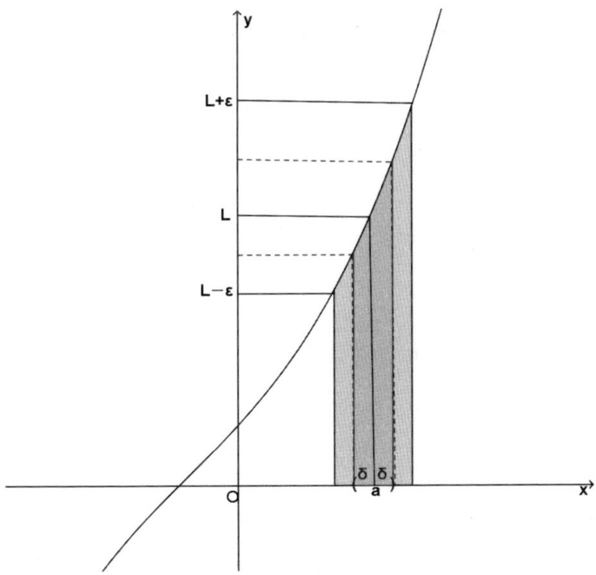

그림 1.4.1

〈예제〉 $\lim_{x \to 2}(5x-3)=7$ **임을 보이라.**

[증명]

주어진 양수 $\epsilon > 0$ 에 대하여 $\delta = \frac{\epsilon}{5}$ 로 택하면
$0 < |x-2| < \delta$ 이면 $|(5x-3)-7| = 5|x-2| < 5\delta = \epsilon$ 이므로
위의 극한값의 정의에 따라 $\lim_{x \to 2}(5x-3)=7$ 이다.

<정의 1.5.1>에 의해서 다음의 극한값의 기본 정리들을 증명할 수 있다.

[정리 1.5.1] 극한값의 기본 정리

$x \to a$ 일 때 $f(x)$ 와 $g(x)$ 의 극한값이 존재하고 그 극한값을 각각 L 과 M 이라 하면

(i) $\lim_{x \to a}(f(x)+g(x)) = L+M$

(ii) $\lim_{x \to a}(f(x)-g(x)) = L-M$

(iii) $\lim_{x \to a} af(x) = aL$, a 는 상수

(iv) $\lim_{x \to a}(f(x)g(x)) = LM$

(v) $L \neq 0$ 이면, $\lim_{x \to a}\frac{f(x)}{g(x)} = \frac{L}{M}$

이다.

[증명]

(i) 극한값의 정의에 의하여 주어진 양수 ϵ 에 대하여

$$0 < |x-a| < \delta_1 \text{ 이면 } |f(x)-L| < \frac{\epsilon}{2} \text{ 이고}$$

$$0 < |x-a| < \delta_2 \text{ 이면 } |g(x)-M| < \frac{\epsilon}{2} \text{ 인}$$

δ_1, δ_2 가 각각 존재한다. $\delta = \min(\delta_1, \delta_2)$ 로 놓으면,
$0 < |x-a| < \delta$ 인 x 는 $0 < |x-a| < \delta_1$ 와 $0 < |x-a| < \delta_2$ 모두 성립하게 되므로 그러한 x 에 대하여

$$\begin{aligned}|f(x)+g(x)-(L+M)| &\le |f(x)-L|+|g(x)-M| \\ &< \frac{\epsilon}{2}+\frac{\epsilon}{2}=\epsilon\end{aligned}$$

이 되므로 극한값의 정의에 의거하여 (i)이 성립한다.

(ii) - (v)의 증명은 연습문제로 한다.

함수의 극한을 사용하여 함수의 연속성을 다음과 같이 정의한다.

[정의 1.5.2] 함수의 연속성

함수 $f(x)$ 에 대하여

(i) $\lim_{x \to a} f(x) = f(a)$ 이면 $f(x)$ 가 $x=a$ 에서 연속이라고 한다.

(ii) $f(x)$ 가 구간 I 의 모든 점에서 연속이면 $f(x)$ 는 구간 I 에서 연속이라 한다.

〈예제〉

연습문제 4를 사용하여

$f(x)=\begin{cases} \dfrac{\sin x}{x} & x \neq 0 \\ k & x=0 \end{cases}$ **일 때, $f(x)$ 가 모든 점에서 연속이 되도록 하는 k 값을 구하라.**

〈연습문제〉

1. $\lim_{x \to 2}(3x-4)=2$ 임을 보이라.

2. (정리5-1) (ii) - (v) 를 증명하라.

3. $\lim_{h \to 0}\frac{(x+h)^2-x^2}{h}$ 를 구하라.

4. $\lim_{x \to 0}\frac{\sin x}{x}$ 을 구하라.

2장. 미분법(Differentiation)

1. 미분의 정의

주어진 함수 $f(x)$ 에 대하여 $\dfrac{f(x+h)-f(x)}{h}$ 는 $f(x)$ 의 x 에서 $x+h$ 까지의 평균 변화율이 된다. 이 평균 변화율의 $h \to 0$ 인 극한값이 존재하는 경우 그 극한값을 $f(x)$ 의 x 에서의 미분계수(differentiation, derivative)라 하고 $f'(x)$ 또는 $\dfrac{df(x)}{dx}$ 로 표기한다. 그리고 주어진 함수 $f(x)$ 는 x 에서 미분 가능하다고 한다. 주어진 함수가 구간 I 의 모든 점에서 미분 가능하면 그 함수는 구간 I 에서 미분 가능하다고 한다.

[정의 2.1.1] 도함수(미분)의 정의

$$f'(x) = \lim_{h \to 0} \frac{f(x+h)-f(x)}{h}$$

도함수는 구간 $[x, x+h]$ 에서 함수 $f(x)$ 의 평균 변화율의 구간의 길이가 0 으로 갈 때의 극한이므로 $f(x)$ 의 x 에서의 순간 변화율이 되고 이는 또한 $y=f(x)$ 의 그래프상의 점인 $(x, f(x))$ 에서의 접선(tangent line)의 기울기가 된다. 함수 $f(t)$ 가 시간의 변화에 따른 위치를 나타내는 위치 함수인 경우에는 $f'(t) = \dfrac{df(t)}{dt}$ 는 시각 t 에서의 위치의 순간 변화율, 즉 속도를 나타낸다. x 가 어떤 물품의 생산량을 의미하고 $f(x)$ 가 x 만큼 생산하는 데 들어가는 경비를 나타내는 함수(cost function)인 경우 $\dfrac{df(x)}{dx}$ 는 한계비용(marginal cost)를 의미한다.

〈예제〉 미분의 정의를 사용하여 다음 함수들의 도함수를 구하라.

(a) $f(x)=x^n$ (b) $f(x)=\sqrt{x}$

(c) $f(x)=\dfrac{1-x}{2+x}$ (d) $f(x)=\sin x$

[풀이]

(b)
$$\begin{aligned} f'(x) &= \lim_{h\to 0}\frac{\sqrt{x+h}-\sqrt{x}}{h} \\ &= \lim_{h\to 0}\frac{x+h-x}{h(\sqrt{x+h}+\sqrt{x})} \\ &= \lim_{h\to 0}\frac{1}{\sqrt{x+h}+\sqrt{x}} \\ &= \frac{1}{2\sqrt{x}} \end{aligned}$$

(d)
$$\begin{aligned} f'(x) &= \lim_{h\to 0}\frac{\sin(x+h)-\sin x}{h} \\ &= \lim_{h\to 0}\frac{\sin x\cos h+\cos x\sin h-\sin x}{h} \\ &= \lim_{h\to 0}\left[\frac{\sin x(\cos h-1)}{h}+\cos x\frac{\sin h}{h}\right] \end{aligned}$$

$\lim\limits_{h\to 0}\dfrac{\sin h}{h}=1$ 이고,

$$\lim_{h\to 0}\frac{\cos h-1}{h}=\lim_{h\to 0}\frac{\cos^2 h-1}{h(\cos h+1)}=\lim_{h\to 0}\frac{\sin h}{h}\cdot\frac{\sin h}{\cos h+1}$$
$$=1\cdot 0=0$$

이므로 $f'(x)=\dfrac{d\sin x}{dx}=\cos x$ 이다.

(a)와 (c)도 같은 방법으로 계산할 수 있다.

〈예제〉

(a) $f(x)=\sin x$ 의 $x=0$ 에서의 접선의 기울기를 구하라.

(b) 어느 물체의 시각 t 에서의 위치가 $\sqrt{t}$ 로 주어질 때 이 물체의 $t=2$ 에서의 속도를 구하라.

[풀이]

(a) $\dfrac{d\sin x}{dx} = \cos x$ 이고 $\cos 0 = 1$ 이므로 기울기는 1 이 된다.

(b) $\dfrac{d\sqrt{t}}{dt} = \dfrac{1}{2\sqrt{t}}$ 이므로 물체의 속도는 $\dfrac{1}{2\sqrt{2}}$ 이다.

〈연습문제〉

1. 미분의 정의를 사용하여 $\dfrac{d\cos x}{dx}$ 를 구하라.

2. $f(x)$ 가 미분 가능한 함수일 때,

$$\lim_{h\to\infty}\frac{f(x+h)-f(x-h)}{h}$$

를 $f'(x)$ 를 사용하여 나타내라.

3. $f(x) = \begin{cases} x\sin\dfrac{1}{x}, & x \neq 0 \\ 0, & x = 0 \end{cases}$ 일 때,

(a) $f(x)$ 는 $x=0$ 에서 연속인가?
(b) $f(x)$ 는 $x=0$ 에서 미분 가능한가?

4. $f(x) = \begin{cases} x+a, & x < 0 \\ \cos x, & x \geq 0 \end{cases}$ 일 때,

(a) $f(x)$ 가 연속함수가 되게 하는 a 를 구하라.
(b) 이 경우 $f(x)$ 는 $x=0$ 에서 미분이 가능한가?

2. 미분의 기본정리

미분의 정의로부터 다음과 같은 사실들을 쉽게 증명할 수 있다.

[정리 2.2.1]

(a) $f(x)$ 가 $x=a$ 에서 미분 가능하면 $f(x)$ 는 $x=a$ 에서 연속이다.

(b) $f(x)$ 가 상수함수이면 $f'(x)=0$ 이다.

[증명]

(a) $x=a$ 에서 미분 가능하므로

$$f'(a)=\lim_{h \to 0} \frac{f(a+h)-f(a)}{h}$$

가 존재한다. 따라서 $\lim_{h \to 0}(f(a+h)-f(a))=0$ 이고

$$\lim_{h \to 0} f(a+h)=f(a)$$

이다. 즉,

$$\lim_{x \to 0} f(x)=f(a)$$

이므로 $x=a$ 에서 함숫값과 극한값이 같아 함수는 $x=a$ 에서 연속이다.

(b) $f(x)=c$ 로 놓으면

$$\begin{aligned} f'(x) &= \lim_{h \to 0} \frac{f(x+h)-f(x)}{h} \\ &= \lim_{h \to 0} \frac{c-c}{h} = \lim_{h \to 0} \frac{0}{h} \\ &= 0 \end{aligned}$$

이다.

함수의 연산에 대한 미분의 성질들도 아래와 같이 주어진다.

[정리 2.2.2]
$f(x), g(x)$ 가 미분 가능하면

(a) $f(x)+g(x)$ 도 미분 가능하고 $(f(x)+g(x))' = f'(x)+g'(x)$ 이다.

(b) $f(x)g(x)$ 도 미분 가능하고 $(f(x)g(x))' = f(x)g'(x)+g(x)f(x)$ 이다.

(c) $g'(x) \neq 0$ 인 x 에 대하여 $\dfrac{f(x)}{g(x)}$ 도 미분 가능하고

$$\left(\frac{f(x)}{g(x)}\right)' = \frac{f'(x)g(x)-f(x)g'(x)}{(g(x))^2}$$ 이다.

[증명]
(a)는 극한의 성질에 의하여 자명하다.

(b) 도함수의 정의에 의하여

$$(f(x)g(x))' = \lim_{h\to 0}\frac{f(x+h)g(x+h)-f(x)g(x)}{h}$$

이다. 그런데

$$\begin{aligned}
&\lim_{h\to 0}\frac{f(x+h)g(x+h)-f(x)g(x)}{h} \\
&= \lim_{h\to 0}\frac{f(x+h)g(x+h)-f(x)g(x+h)+f(x)g(x+h)-f(x)g(x)}{h} \\
&= \lim_{h\to 0}\frac{f(x+h)-f(x)}{h}g(x+h)+\lim_{h\to 0}f(x)\frac{g(x+h)-g(x)}{h} \\
&= f'(x)g(x)+f(x)g'(x)
\end{aligned}$$

이므로

$$(f(x)g(x))' = f(x)g'(x)+g(x)f(x)$$

이다.

(c) 정의에 의하여

$$(\frac{f(x)}{g(x)})' = \lim_{h\to 0}\frac{\frac{f(x+h)}{g(x+h)}-\frac{f(x)}{g(x)}}{h}$$

이고

$$\lim_{h\to 0}\frac{\frac{f(x+h)}{g(x+h)}-\frac{f(x)}{g(x)}}{h}$$

$$=\lim_{h\to 0}\frac{f(x+h)g(x)-f(x)g(x+h)}{hg(x+h)g(x)}$$

$$=\lim_{h\to 0}\frac{f(x+h)g(x)-f(x)g(x)+f(x)g(x)-f(x)g(x+h)}{hg(x+h)g(x)}$$

$$=\lim_{h\to 0}\frac{1}{g(x+h)g(x)}[g(x)\frac{f(x+h)-f(x)}{h}-f(x)\frac{g(x+h)-g(x)}{h}]$$

$$=\frac{f'(x)g(x)-f(x)g'(x)}{(g(x))^2}$$

이다. 따라서

$$(\frac{f(x)}{g(x)})' = \frac{f'(x)g(x)-f(x)g'(x)}{(g(x))^2}$$

이다.

〈예제〉 $f(x)=x\sin x$ 의 도함수를 구하라.

[풀이]

<정리 2.2.2> (b)에 의하여

$$f'(x)=\frac{dx}{dx}\sin x + x\frac{d\sin x}{dx}$$
$$=\sin x + x\cos x$$

이다.

〈예제〉 $f(x)=\tan x$ 의 도함수를 구하라.

[풀이]

$\tan x = \dfrac{\sin x}{\cos x}$ 이므로 <정리 2.2.2> (c)에 의하여

$$\begin{aligned}\frac{d\tan x}{dx} &= \left(\frac{\sin x}{\cos x}\right)' \\ &= \frac{(\sin x)'\cos x + \sin x(\cos x)'}{\cos^2 x} \\ &= \frac{\cos^2 x + \sin^2 x}{\cos^2 x} = \frac{1}{\cos^2 x} \\ &= \sec^2 x\end{aligned}$$

이다.

〈예제〉 $f(x)=\csc x$ 의 도함수를 구하라.

[풀이]

$\csc x = \dfrac{1}{\sin x}$ 이므로

$$\begin{aligned}\frac{d\csc x}{dx} &= \frac{\frac{d1}{dx} sin\, x - 1 \cdot \cos x}{\sin^2 x} \\ &= -\frac{\cos x}{\sin^2 x} = -\frac{\cos x}{\sin x} \cdot \frac{1}{\sin x} \\ &= -\cot x \csc x\end{aligned}$$

이다.

합성함수의 경우에도 미분의 정의에 의거하여 도함수의 형태를 알 수 있다.

[정리 2.2.3] Chain Rule, 합성함수의 미분

$f(x), g(x)$ 가 미분 가능하고 $F(x) = (f \circ g)(x) = f(g(x))$ 가 정의되면

$$\frac{dF(x)}{dx} = f'(g(x))g'(x)$$ 이다.

[증명]

미분의 정의에 의하여,

$F'(x)=\dfrac{dF(x)}{dx}=\lim\limits_{h\to 0}\dfrac{F(x+h)-F(x)}{h}=\lim\limits_{h\to 0}\dfrac{f(g(x+h))-f(g(x))}{h}$ 이고

분자 분모에 $g(x+h)-g(x)$ 를 곱하여 주면

$$F'(x)=\lim_{h\to 0}\frac{f(g(x+h))-f(g(x))}{g(x+h)-g(x)}\cdot\frac{g(x+h)-g(x)}{h}$$

$=\lim\limits_{k\to 0}\dfrac{f(u+k)-f(u)}{k}\cdot\lim\limits_{h\to 0}\dfrac{g(x+h)-g(x)}{h}$ 이므로

$u=g(x)$, $k=g(x+h)-g(x)$ 라 놓으면

$F'(x)=f'(u)\cdot g'(x)=f'(g(x))g'(x)$ 이다 .

〈예제〉 다음에서 $\dfrac{dy}{dx}$를 구하라.

(a) $y=\sqrt{x^2-1}$ (b) $y=(\sin x+\tan x)^{10}$

(c) $x^2+y^2=4$ (d) $y=\sin^{-1}x$

[풀이]

(a) $\dfrac{d\sqrt{x}}{dx}=\dfrac{1}{2}\sqrt{x}$ 이므로 <정리2.2.3>에 의하여

$$(\sqrt{x^2-1})'=\frac{1}{2\sqrt{x^2-1}}\cdot 2x=\frac{x}{\sqrt{x^2-1}}$$ 이다.

(b) $((\sin x+\tan x)^{10})'$

$=10(\sin x+\tan x)^9\cdot(\cos x+\sec^2 x)$

(c) $x^2+y^2=4 \Rightarrow 2x+2y\dfrac{dy}{dx}=0$

$$\Rightarrow\frac{dy}{dx}=-\frac{x}{y}$$

(d) $y=\sin^{-1}x \Rightarrow x = \sin y$

$$\Rightarrow 1=\cos y \frac{dy}{dx}$$

$$\Rightarrow \frac{dy}{dx} = \frac{1}{\cos y}$$

$$= \frac{1}{\cos(\sin^{-1}x)}$$

$$= \frac{1}{\sqrt{1-x^2}}$$ 이므로, 따라서

$$\frac{d\sin^{-1}x}{dx} = \frac{1}{\sqrt{1-x^2}}$$ 이다.

〈연습문제〉

1. 다음 함수들의 도함수를 구하라.

(a) $\sec x$　　(b) $\csc x$

(c) $\cot x$　　(d) x^{-n} (n 은 자연수)

2. 다음에서 $\frac{dy}{dx}$를 구하라.

(a) $y=\frac{1}{(1+u^2)}$, $u=2x+1$.

(b) $y=(s+3)^2$, $s=\sqrt{t-3}$, $t=x^2$.

(c) $\sin(x+y)=xy$.

3. q 가 유리수일 때, $\frac{dx^q}{dx} = qx^{q-1}$ 임을 보이라.

4. $y=\cos^{-1}x$ 일 때, $\frac{dy}{dx}$ 를 구하라.

5. $(\tan^{-1}x)' = \frac{1}{x^2+1}$ 임을 보이라.

6. $-1 \le x \le 1$ 인 x 에 대하여 $\sin^{-1}x + \cos^{-1}x = \frac{\pi}{2}$ 임을 보이라.

7. <정리 2.2.1> (a)의 역도 성립하는가?

8. <정리 2.2.2>의 (b)와 (c)를 증명하라.

3. 고차 도함수(Higher order derivative)

$f(x)$ 가 미분 가능한 함수이면 그 도함수 $f'(x)$ 도함수이다. $f'(x)$ 가 미분 가능할 때 $(f'(x))'$ 을 $f''(x)$ 또는 $\frac{d^2f(x)}{dx^2}$ 으로 표기하고 $f(x)$ 의 이차도함수(second derivative)라고 칭한다. 또한 이차도함수를 다시 미분해서 구해지는 함수를 3차도함수(third derivative)라고 하고 일반적으로 n 번 미분해서 얻는 함수를 n 차도함수라고 하고 $f^{(n)}$ 또는 $\frac{d^nf(x)}{dx^n}$ 으로 표기한다.

〈예제〉

(a) $f(x) = x\cos x$ 일 때, $f''(x)$ 를 계산하라.

[풀이]

$$f'(x) = \cos x - x\sin x$$

이므로

$$f''(x) = -\sin x - \sin x - x\cos x$$

$$= -2\sin x - x\cos x$$

이다.

(b) $\dfrac{d^n \sin x}{dx} = \sin\left(x + \dfrac{n\pi}{2}\right)$ **임을 수학적 귀납법으로 보이라.**

(i) $\dfrac{d\sin x}{dx} = \cos x = \sin\left(x + \dfrac{\pi}{2}\right)$

(ii) $n = k$ 일 때 성립한다고 가정하면, 즉

$$\frac{d^k \sin x}{dx^k} = \sin\left(x + \frac{k\pi}{2}\right)$$

라고 가정하면,

$$\begin{aligned}\frac{d^{k+1}\sin x}{dx^{k+1}} &= \frac{d\sin\left(x + \frac{k\pi}{2}\right)}{dx} \\ &= \cos\left(x + \frac{k\pi}{2}\right) \\ &= \sin\left(x + \frac{k\pi}{2} + \frac{\pi}{2}\right) \\ &= \sin\left(x + \frac{(k+1)\pi}{2}\right)\end{aligned}$$

이므로 수학적 귀납법에 의하여

$$\frac{d^n \sin x}{dx} = \sin\left(x + \frac{n\pi}{2}\right)$$

가 된다.

〈예제〉

함수 $f(x) = \begin{cases} x^2 \sin\dfrac{1}{x}, & x \neq 0 \\ 0, & x = 0 \end{cases}$ **는 미분 가능한 함수이지만** $x = 0$ **에서 두 번 미분할 수는 없음을 보이라.**

[풀이]

$x \neq 0$ 이면 $f'(x) = 2x\sin\dfrac{1}{x} - \cos\dfrac{1}{x}$ 이고

$$f'(0)=\lim_{h\to 0}\frac{f(0+h)-f(0)}{h}$$
$$=\lim_{h\to 0}h^2\sin\frac{1}{h}$$

에서 $|\sin\frac{1}{h}|\le 1$ 이므로

$$f'(0)=\lim_{h\to 0}h^2\sin\frac{1}{h}=0$$

이다. 따라서 $f'(x)$ 는 모든 점에서 존재하여 $f(x)$ 는 미분 가능한 함수이다. 그러나 $\lim_{x\to 0}f'(x)$ 이 존재하지 않으므로 $f'(x)$ 는 $x=0$ 에서 불연속이라서 $f'(x)$ 는 미분이 가능하지 않고 $f''(0)$은 존재하지 않는다.

〈연습문제〉

1. 다음 함수의 3차도함수를 구하라.

(a) $\tan x$ (b) $\sqrt{x^2+c^2}$

(c) $\tan^{-1}x$ (d) $\sin(\cos x)$

2. $x^3+y^3=16$ 일 때 y'' 을 구하라.

3. $f(x)=\frac{1}{x}$ 일 때 $f^{(n)}(x)$ 를 계산하라.

4. $(x^n)^{(k)}$ 을 계산하라.

5. $\frac{d^n\cos x}{dx^n}=\cos(x+\frac{n\pi}{2})$ 임을 보이라.

6. $f(x)=\sin(k\sin^{-1}x)$ 일 때, $f^{(n)}(0)$ 을 구하라.

4. 평균값의 정리

폐구간에서 정의된 함수가 주어진 구간에서 연속이고 미분이 가능한 경우 그 함수의 폐구간에서의 평균 변화율과 같은 값을 순간 변화율로 갖는 점이 그 구간 안에 존재한다. 이러한 사실을 평균값의 정리라고 부르고 이 정리는 수학의 여러 분야에서 응용되는 중요한 정리이다. 이 섹션에서는 이 정리를 증명하고 간단한 응용에 대하여 살핀다.

[정리 2.4.1] 롤의 정리(Rolle's Theorem)

$f(x)$ 가 폐구간 $[a,b]$ 에서 연속이고 개구간 (a,b) 에서 미분가능하고 $f(a)=f(b)=0$ 이면 $f'(c)=0$ 인 c 가 a 와 b 사이에 존재한다.

[증명]

(i) $f(x)\equiv 0$ 인 상수함수이면 자명하므로 상수함수가 아닌 경우를 생각하자.

(ii) $f(x)$ 는 폐구간에서 연속인 함수이고 상수함수가 아니므로 0이 아닌 최댓값이나 최솟값을 갖게 된다. 0이 아닌 최댓값을 갖는 경우 그것을 $M=f(c)$ 라고 하면 $c\in(a,b)$ 이고, $\dfrac{f(c+h)-f(c)}{h}$ 는 h 가 양수이면 음의 값을 갖고 h 가 음수일 때는 양의 값을 갖게 된다. 따라서,

$$\lim_{h\to 0, h>0}\frac{f(c+h)-f(c)}{h} \le 0$$

$$\lim_{h\to 0, h<0}\frac{f(c+h)-f(c)}{h} \ge 0$$

이므로 $f'(c) \le 0$ 이면서 또한 $f'(c)\ge 0$ 이어야 하게 되어 $f'(c)=0$ 이 된다.
$f(x)$ 가 0이 아닌 최솟값을 갖는 경우에도 같은 방법으로 그 최솟값을 갖는 점에서 $f'(x)$ 가 0이 되는 것을 보일 수 있다.
$f(x)$ 가 폐구간 $[a,b]$ 에서 연속이고 개구간 (a,b) 에서 두 번 미분 가능하고

$[a,b]$ 상의 서로 다른 세 점 $x_1 < x_2 < x_3$ 에서 $f(x_1) = f(x_2) = f(x_3) = 0$ 이면 롤의 정리에 의해서 $f'(c_1) = 0$ 인 c_1 이 x_1 과 x_2 사이에 존재하고 $f'(c_2) = 0$ 인 c_2 이 x_2 와 x_3 사이에 존재한다. 롤의 정리를 $f'(x)$ 에 적용하면 $f''(d) = 0$ 인 d 가 c_1 과 c_2 사이에 존재한다.

함수가 주어진 구간에서 n 번 미분이 가능하고 서로 다른 $n+1$ 개의 점에서 0인 함숫값을 갖는 경우 롤의 정리를 $f(x)$, $f'(x)$, $f''(x)$, $\cdots$, $f^{(n-1)}(x)$ 에 순차적으로 적용하면 그 구간 안에 $f^{(n)}(c) = 0$ 인 점 c 가 존재하여 다음의 정리가 성립하게 된다.

[따름정리] 일반화된 롤의 정리(Generalized Roll's theorem)

$f(x)$ 가 n 번 미분 가능한 함수이고 $x_0 < x_1 < x_2 < \cdots < x_n$ 인 $x_0, x_1, \cdots, x_n$ 에 대하여 $f(x_i) = 0$, $i = 0, 1, 2, \cdots, n$ 이면 $f^{(n)}(c) = 0$ 인 c 가 x_0 과 x_n 사이에 존재한다.

위에서 증명한 롤의 정리를 사용하면 다음의 평균값의 정리를 증명할 수 있다. 평균값의 정리는 내용은 간단하지만 수학적으로 많은 곳에 적용이 되는 정리이므로 잘 익혀 둘 필요가 있는 정리이다.

[정리 2.4.2] 평균값의 정리(Mean Value Theorem, M.V.T.)

함수 $f(x)$가 폐구간 $[a,b]$ 에서 연속이고 개구간 (a,b) 에서 미분가능하면

$$f'(c) = \frac{f(b) - f(a)}{b - a}$$

가 되는 점 c가 (a,b) 안에 존재한다.

[증명]

$h(x)=f(x)-f(a)-\dfrac{f(b)-f(a)}{b-a}(x-a)$ 로 놓으면

$h(x)$ 는 폐구간 $[a,b]$ 에서 연속이고 개구간 (a,b) 에서 미분 가능한 함수이면서 $h(a)=h(b)=0$ 이어서 롤의 정리의 모든 가정을 만족하므로 $h'(c)=0$ 인 c 가 a 와 b 사이에 존재한다. 그런데,

$$h'(c)=f'(c)-\frac{f(b)-f(a)}{b-a} \text{ 이므로}$$

$$0=f'(c)-\frac{f(b)-f(a)}{b-a} \text{ 이 되어}$$

$$f'(c)=\frac{f(b)-f(a)}{b-a} \text{ 이 된다.}$$

〈예제〉 모든 실수 a, b **에 대해서** $|\sin b-\sin a| \le |b-a|$ **임을 보이라.**

[풀이]

$f(x)=\sin x$ 로 놓으면, $f'(x)=\cos x$ 이고 $|f'(x)| \le 1$ 이므로 평균값의 정리에 의하여

$$\begin{aligned}|\sin b-\sin a| &= |f(b)-f(a)| \\ &= |f'(c)||b-a| \\ &\le |b-a|\end{aligned}$$

가 된다.

평균값의 정리를 사용하여 다음과 같은 함수의 미분값과 함숫값의 증가와 감소에 연관된 유용한 사실들을 보일 수 있다.

[정리 2.4.3]

(a) 구간 I의 모든 점 x에 대하여 $f'(x)=0$이면 $f(x)$는 구간 I에서 상수함수이다.

(b) 구간 I의 모든 점 x에 대하여 $f'(x)>0$이면 $f(x)$는 구간 I에서 증가함수이다.

(c) 구간 I의 모든 점 x에 대하여 $f'(x)<0$이면 $f(x)$는 구간 I에서 감소함수이다.

[증명]

(a) 임의의 $x_1 \neq x_2$, $x_1, x_2 \in I$에 대하여 평균값의 정의를 적용하면

$$f'(c) = \frac{f(x_2) - f(x_1)}{x_2 - x_1}$$

인 c가 x_1과 x_2 사이에 존재한다. 그런데 구간 I의 모든 점 x에 대하여 $f'(x)=0$ 이므로 $f'(c)=0$ 이고, 따라서

$$f(x_1) = f(x_2)$$

이다. x_1과 x_2는 임의로 선택한 점이므로 $f(x)$는 I의 모든 점에서 같은 값을 갖게 되어 상수함수이다.

(b) 임의의 $x_1, x_2 \in I$에 대하여 $x_1 < x_2$라 하자. 평균값의 정리에 의하여

$$f'(c) = \frac{f(x_2) - f(x_1)}{x_2 - x_1}$$

되는 c가 x_1과 x_2 사이에 존재한다. 구간 I의 모든 점 x에 대하여 $f'(x)>0$ 이므로 $f'(c)>0$ 이다. 또한 $x_2 - x_1 > 0$ 이므로 $f(x_2) > f(x_1)$ 이어서 $f(x)$는 증가함수이다.

(c)는 (b)와 같은 방법으로 증명할 수 있다.

<정리 2.4.3> (a)로부터 다음과 같은 사실을 알 수 있다.

[정리 2.4.4]
구간 I의 모든 점 x에 대하여 $f'(x)=g'(x)$ 이면 I에서 $f(x)=g(x)+C$ 인 상수 C가 존재한다.

[증명]
$h(x)=f(x)-g(x)$ 로 놓으면 $h'(x)=f'(x)-g'(x)$ 이므로 $h'(x)=0$ 이고, <정리 2.4.2>로부터 $h(x)$ 는 상수함수가 되어

$$h(x)\equiv C$$

의 형태로 표현할 수 있다. 따라서 $f(x)-g(x)\equiv C$가 되어

$$f(x)=g(x)+C$$

이다.

<정리 2.4.3> (b)와 (c)에 의해서 어느 점 c에서 $f'(c)>0$ 이거나 $f'(c)<0$ 이면 c에서 함수가 증가하거나 감소하므로 $f(c)$ 는 극댓값이나 극솟값이 될 수 없다, 따라서 다음의 정리가 성립한다.

[정리 2.4.5]
함수 $f(x)$ 가 c에서 극댓값이나 극솟값을 갖는다면 $f'(c)=0$ 이거나 $f'(c)$ 가 존재하지 않는다.

<정리 2.4.3>으로부터 함수를 두 번 미분한 값의 부호에 따라 함수의 그래프의 모양에 대해 생각할 수 있다.

구간 I에서 $f''(x)$ 가 양의 값을 갖는다면

$$f''(x)=(f'(x))'$$

이므로 <정리 2.4.3>으로부터 $f'(x)$ 가 구간 I에서 증가함수이다. 그런데 $f'(x)$ 는 $y=f(x)$ 의 그래프에서 x에서의 접선의 기울기와 같으므로 $f'(x)$

가 구간 I에서 증가함수이면 I에서 $y=f(x)$ 의 그래프에서 접선의 기울기가 증가하게 되어 그래프의 모양이 아래로 볼록(concave up)한 모양이 된다. 마찬가지로, 구간 I에서 $f''(x)<0$ 이면 I에서 $y=f(x)$ 의 그래프에서 접선의 기울기가 감소하게 되어 그래프의 모양이 위로 볼록(concave down)한 모양이 된다. 따라서 다음의 정리가 성립한다.

[정리 2.4.6]
구간 I에서 함수 $f(x)$ 가 두 번 미분 가능할 때
(a) I의 모든 점에서 $f''(x)>0$ 이면 $y=f(x)$ 의 그래프는 I에서 아래로 볼록(concave up)한 모양을 갖는다.
(b) I의 모든 점에서 $f''(x)<0$ 이면 $y=f(x)$ 의 그래프는 I에서 위로 볼록(concave down)한 모양을 갖는다.

그래프가 x 가 변함에 따라 곡선의 모양이 아래로 볼록에서 위로 볼록으로 바뀌는 경우 또는 위로 볼록에서 아래로 볼록으로 바뀌는 경우 바뀌는 점을 변곡점이라 하고 다음과 같이 정의한다.

[정의 2.4.1]

연속함수 $f(x)$ 에 대해서 $y=f(x)$ 의 그래프가 $x \le x_0$ 에서는 아래로 볼록하다가 $x \ge x_0$ 에서 위로 볼록한 모양이 되거나 또는 $x \le x_0$ 에서는 위로 볼록하다가 $x \ge x_0$ 에서 아래로 볼록한 모양이 되는 경우 $y=f(x)$ 의 그래프에 있는 점 $P(x_0,f(x_0))$ 를 변곡점이라고 한다.

함수가 두 번 미분 가능한 경우에는 볼록한 모양이 함수의 두 번 미분값에 의해 결정이 되고 변곡점이 되기 위해서는 두 번 미분의 부호가 바뀌어야 한다. 따라서 변곡점은 함수의 두 번 미분한 값이 0 이 되는 경우들만 고려해서 찾을 수 있다.

〈예제〉 $0 < x < \pi$ **에서** $y = \sin^2 x$ **의 변곡점을 구하라.**

[풀이]

$f(x) = \sin^2 x$ 라 놓으면

$$f'(x) = \frac{d\sin^2 x}{dx} = 2\sin x \cos x = \sin 2x$$

$$f''(x) = \frac{d^2 \sin^2 x}{dx^2} = \frac{d\sin 2x}{dx} = 2\cos 2x$$

이므로

$0 < x < \pi$ 에서 $f''(x) = 0$ 인 x 는

$$x = \frac{\pi}{4}, \frac{3\pi}{4}$$

이다.

$$0 < x < \frac{\pi}{4} \text{ 에서 } \cos 2x > 0$$

$$\frac{\pi}{4} < x < \frac{3\pi}{4} \text{ 에서 } \cos 2x < 0$$

$$\frac{3\pi}{4} < x < \pi \text{ 에서 } \cos 2x > 0$$

이므로 $f''(x)$ 는 $x = \frac{\pi}{4}, \frac{3\pi}{4}$ 에서 부호가 바뀌어서 변곡점은 두 점

$$P_1\left(\frac{\pi}{4}, \frac{1}{2}\right), P_2\left(\frac{3\pi}{4}, \frac{1}{2}\right)$$

이다.

〈예제〉 $y = x^4$ **의 변곡점을 구하라.**

[풀이]

$f(x) = x^4$ 이라 놓으면 $f''(x) = 12x^2 = 0$ 이 되는 x 는 $x = 0$ 뿐이다.
그런데 $f''(x)$ 는 $x < 0, x > 0$ 모두에서 양이므로 $x = 0$ 에서는 변곡점을 가질 수 없고 $f(x) = x^4$ 은 변곡점을 가지지 않는다.

〈연습문제〉

1. 롤의 정리를 사용하여 $f(x)=x^3+x-1$ 의 근이 한 개만 존재함을 보이라.

2. $f(0)=-3$ 이고 $f'(x) \le 5$ 이라면 $f(2)$ 가 취할 수 있는 값은 최대 얼마인가?

3. <정리 2.4.3>의 (a)와 (c)를 증명하라.

4. 다음 함수들이 증가하는 구간과 감소하는 구간을 각각 구하라.

   (a) $f(x)=2x-\dfrac{1}{x^2}$ (b) $f(x)=|x^2-4|$

   (c) $f(x)=\sqrt{\dfrac{3-x}{x}}$

5. 다음 함수의 그래프의 모양에 대하여 설명하라.

   (a) $f(x)=2x-\dfrac{1}{x^2}$ (b) $f(x)=|x^2-4|$

   (c) $f(x)=\sqrt{\dfrac{3-x}{x}}$

3장. 미분의 응용

이 장에서는 미분을 이용하여 수학적인 도구를 개발하는 경우, 자연과학과 사회과학에서 미분을 응용하여 현상을 해석하거나 분석하는 경우들을 생각한다. 현상에 대하여 미분을 적용하면 지수함수인 e^x 를 종종 사용하게 된다. e^x 에 대하여는 4장에서 엄밀하게 정의되고 그 성질들이 증명이 될 것으로 이 장에서는 다음의 성질들을 필요에 따라 먼저 증명 없이 사용하도록 한다.

<e^x 의 성질>

(i) $\frac{de^x}{dx} = e^x$ (ii) $e^{a+b} = e^a \cdot e^b$ (iii) $e^0 = 1$ (iv) $e = \lim_{n\to\infty}(1+\frac{1}{n})^n \approx 2.1828\cdots$

1. 로피탈의 법칙(L'Hospital's Rule)

여기에서는 함수의 극한값을 구하는 데 유용한 도구 중에 하나인 로피탈의 법칙에 대하여 알아보기로 한다.

[정리 3.1.1] 로피탈의 법칙

$f(a)=g(a)=0$ 이고 $f'(a), g'(a)$ 가 존재하고 $g'(a) \neq 0$ 이면

$$\lim_{x\to a}\frac{f(x)}{g(x)} = \frac{f'(a)}{g'(a)}$$

이다.

[증명]

$$\frac{f'(a)}{g'(a)}=\frac{\lim\limits_{h\to0}\dfrac{f(a+h)-f(a)}{h}}{\lim\limits_{h\to0}\dfrac{g(a+h)-g(a)}{h}}=\lim_{h\to0}\frac{\dfrac{f(a+h)-f(a)}{h}}{\dfrac{g(a+h)-g(a)}{h}}$$

$$=\lim_{h\to0}\frac{f(a+h)-f(a)}{g(a+h)-g(a)}=\lim_{h\to0}\frac{f(a+h)-0}{g(a+h)-0}$$

$$=\lim_{x\to a}\frac{f(x)}{g(x)}$$

이다.

〈예제〉 $\lim\limits_{x\to0}\dfrac{\sin x}{x}$ 를 로피탈의 법칙을 사용하여 구하라.

[풀이]

로피탈의 법칙에 의하여

$$\lim_{x\to0}\frac{\sin x}{x}=\lim_{x\to0}\frac{(\sin x)'}{(x)'}=\lim_{x\to0}\frac{\cos x}{1}=1$$

이다.

다음으로 로피탈의 정리를 한 단계 더 일반화하는 방법에 대하여 생각해 본다.

[정리 3.1.2] 코시의 평균값의 정리(Cauchy's Mean Value Theorem)

$f(x), g(x)$ 가 $[a,b]$ 에서 연속이고 (a,b) 에서 미분 가능한 함수일 때 (a,b) 에서 $g'(x)\neq0$ 이면 a, b 사이에

$$\frac{f'(c)}{g'(c)}=\frac{f(b)-f(a)}{g(b)-g(a)}$$

가 되는 c 가 존재한다.

[증명]

$$F(x)=[g(b)-g(a)][f(x)-f(a)]-[f(b)-f(a)][g(x)-g(a)]$$

라고 놓으면 $F(x)$ 는 $[a,b]$ 에서 연속이고 (a,b) 에서 미분 가능한 함수이며

$$F(a)=F(b)=0$$

이다. 따라서 롤의 정리에 의해 (a,b) 에 $F'(c)=0$ 인 c 가 존재한다.
따라서

$$0=F'(c)=[g(b)-g(a)[f'(c)-[f(b)-f(a)]g'(c)$$

이고 주어진 조건에 의하여 $g'(c)\neq 0$ 이므로

$$\frac{f'(c)}{g'(c)}=\frac{f(b)-f(a)}{g(b)-g(a)}$$

가 된다.

코시의 평균값의 정리를 이용하여 다음의 로피탈의 정리 II 를 증명할 수 있다.

[정리 3.1.3] 로피탈의 정리 II

$f(a)=g(a)=0$ 이고 $f(x), g(x)$ 가 a 를 포함하는 개구간 I에서 미분 가능하고 a 를 제외한 모든 점 $x\in I$에 대해서 $g'(x)\neq 0$ 이면

$$\lim_{x\to a}\frac{f(x)}{g(x)}=\lim_{x\to a}\frac{f'(x)}{g'(x)}$$

이다.

[증명]

먼저 $x>a$ 인 경우를 생각해 보자.

코시의 평균값의 정리에 의하여

$$\frac{f'(c)}{g'(c)}=\frac{f(x)-f(a)}{g(x)-g(a)}$$

인 c 가 (a,x) 에 존재한다.

그런데 $f(a)=f(b)=0$ 이므로 $\dfrac{f'(c)}{g'(c)}=\dfrac{f(x)}{g(x)}$ 가 되고 따라서

$$\lim_{x\to a}\frac{f(x)}{g(x)}=\lim_{x\to a}\frac{f'(c)}{g'(c)}$$

이다.

그런데 $a<c<x$ 에서 $x\to a$ 이면 $c\to a$ 이므로

$$\lim_{x\to a}\frac{f(x)}{g(x)}=\lim_{c\to a}\frac{f'(c)}{g'(c)}=\lim_{x\to a}\frac{f'(x)}{g'(x)}$$

가 된다.

$x<a$ 인 경우도 같은 방법으로 증명할 수 있다.

〈예제〉 $\displaystyle\lim_{x\to 0}\frac{e^x-1-x}{x^2}$ **를 구하라. (단** $\dfrac{de^x}{dx}=e^x$ **이다.)**

[풀이]

로피탈의 정리 II 를 두 번 적용하면,

$$\begin{aligned}\lim_{x\to 0}\frac{e^x-1-x}{x^2}&=\lim_{x\to 0}\frac{e^x-1}{2x}\\&=\lim_{x\to 0}\frac{e^x}{2}\\&=\frac{1}{2}\end{aligned}$$

이다.

〈연습문제〉

다음 극한값을 구하라.

1. $\displaystyle\lim_{x\to 2}\frac{3x-6}{\sqrt{2+x}-2}$

2. $\lim_{x \to 1} \frac{\ln x}{(x-1)^2}$

3. $\lim_{x \to 0^+} x(\ln x)^2$

2. 방정식의 근

가격이 2400만 원인 자동차를 5년 할부로 구입하기로 하여 매월 48만 원을 지불하는 경우 적용되는 월 단위 이자율은 어떻게 되는가를 알기 위해서는 방정식

$$50x(1+x)^{60} - (1+x)^{60} + 1 = 0$$

의 근을 구하여야 한다.

이와 유사하게 경제 활동에서의 이자율, 수입과 비용 또는 자연과학에서의 물리적인 힘 등 수많은 사회과학적 현상과 자연과학적 현상이 수학적인 함수로 표현되며 이를 해석할 필요가 있게 된다. 특히 그 현상을 나타내는 함수들의 값이 0 이 되는 점은 평형상태(equilibrium)나 손익분기점 등 중요한 기점이 되는 상황을 나타내고 이를 찾기 위해서는 방정식의 근을 찾아야 한다. 이에 따라 방정식의 근을 구하는 방법들에 대하여 수학적인 많은 연구들이 있어 왔고 참값을 찾지 못하는 경우 근삿값을 구하는 여러 가지 방법들이 개발되었다. 이 섹션에서는 방정식의 근삿값을 찾는 기본적인 방법 중 미분을 사용하는 뉴턴의 방법(Newton's method)을 생각하고 그 외에 분할법(bisection method), secant method 에 대하여 살펴본다.

2.1 뉴턴의 방법(Newton's Method)

뉴턴의 방법 $f(x)=0$ 의 근에 수렴하는 수열을 $y=f(x)$ 의 그래프의 접선을

사용하여 만들어 내는 방법이다.
<그림 3.2.1>에서와 같이 x_0을 적당히 선택하고 $(x_0, f(x_0))$에서 $y=f(x)$에 그은 접선이 x축과 만나는 점을 x_1이라 한다. $(x_0, f(x_0))$에서 $y=f(x)$에 그은 접선의 방정식은

$$y-f(x_0)=f'(x_0)(x-x_0)$$

이므로 x_1은 접선의 방정식에서 $y=0$일 때의 x 값으로

$$x_1 = x_0 - \frac{f(x_0)}{f'(x_0)}$$

이다.

마찬가지로 $(x_1, f(x_1))$에서 $y=f(x)$에 그은 접선이 x축과 만나는 점을 x_2이라 하고 $x_3, x_4, \cdots, x_n, \cdots$ 을 같은 방법으로 다음과 같이 구한다.

$$x_{n+1} = x_n - \frac{f(x_n)}{f'(x_n)}, \quad n=0,1,2,\cdots$$

이렇게 구한 x_n은 적당한 x_0을 선택하면 $f(x)=0$의 근에 수렴한다(그림 3.2.1).

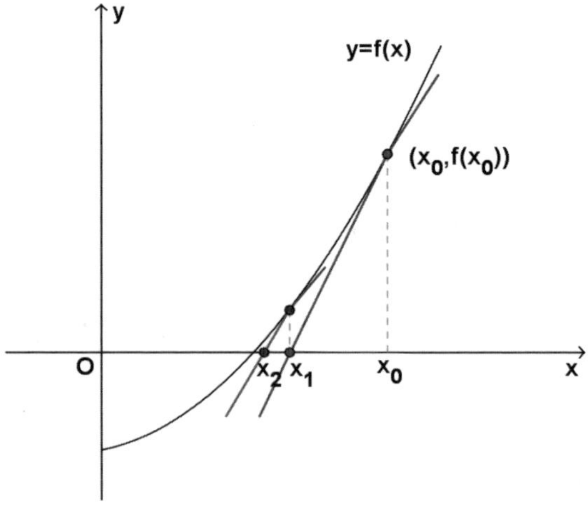

그림 3.2.1

〈예제〉 $f(x) = x^2 - 2 = 0$ **의 양의 근의 근삿값을 뉴턴의 방법으로 구하라.**

[풀이]

양의 근을 구할 것이므로 $x_0 = 1$ 로 놓자.

$f'(x) = 2x$ 이고

$$x_{n+1} = x_n - \frac{x_n^2 - 2}{2x_n}$$

$$= \frac{x_n}{2} + \frac{1}{x_n}$$

이므로

$$x_1 = \frac{3}{2},\ x_2 = \frac{17}{12},\ x_3 = \frac{577}{408},\ \cdots$$

이 된다.

참값은 $\sqrt{2} \approx 1.41421$ 이므로 x_0, x_1, x_2, x_3 의 오차를 보면 다음 표와 같다.

x_n	$x_0 = 1$	$x_1 = \frac{3}{2} = 1.5$	$x_2 = \frac{17}{12} \approx 1.41667$	$x_3 = \frac{577}{408} \approx 1.41422$
오차	0.41421	0.08579	0.00246	0.00001

위의 예에서 볼 수 있듯이 뉴턴의 방법에 있어서의 근삿값은 매우 빠르게 참값으로 다가가는 것을 알 수 있다. 그러나 뉴턴의 방법은 처음 시작하는 값인 x_0 에 상당히 민감하게 작용한다. 위의 예에서도 만일 $x_0 = -1$ 로 하였으면 x_n 은 $-\sqrt{2}$ 로 다가가는 수열이 된다. 아래의 그림에서 보면 뉴턴의 방법을 적용했을 때 구하고자 하는 근이 아닌 다른 근을 찾게 되는 경우도 있고 극단적으로는 근을 찾을 수 없는 경우도 발생하게 된다. 따라서 뉴턴의 방법은 매우 효율적인 방법이지만 초깃값 x_0 를 선택하는 데 주의를 기울여야 한다.

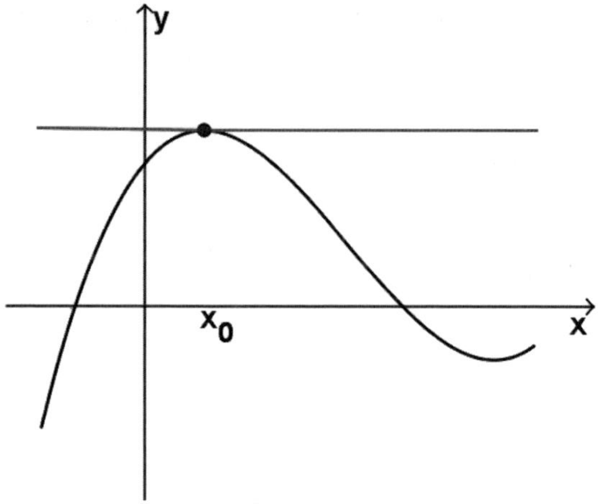

그림 3.2.2 (a) $f'(x_0)=0$ 인 경우

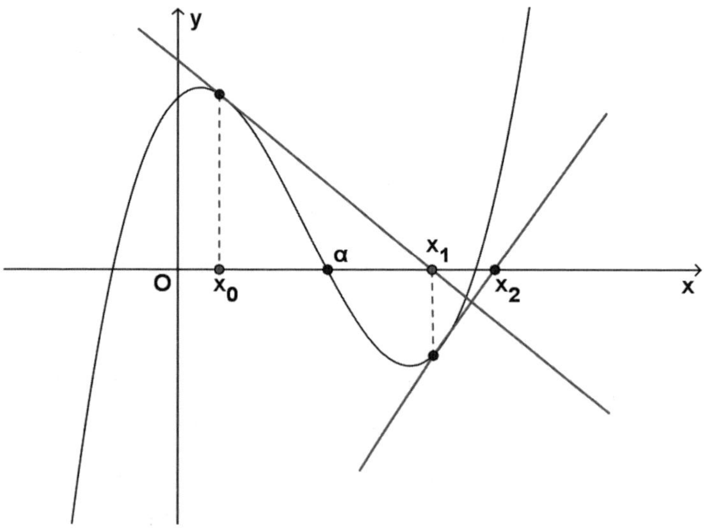

그림 3.2.2 (b) 찾는 근이 아닌 경우

2.2 Secant Method

뉴턴의 방법은 x_0 가 적절히 선택되면 근에 매우 정확하고 빠르게 수렴하는 유효한 방법이다. 그러나 뉴턴의 방법은 함수의 미분을 내포하고 있어 함수의 미분의 형태가 복잡하게 되는 경우 컴퓨터를 이용하여 연산할 때 의외의 어려움이 발생하기도 한다. 이를 보완하기 위해 함수를 미분하지 않고 아래와 같이 미분의 근삿값을 이용하여 근으로 수렴하는 x_n 을 구성하는 수식을 secant method 라고 한다.

$$f'(x_n) = \lim_{x \to x_n} \frac{f(x) - f(x_n)}{x - x_n}$$

이므로 여기에 $x = x_{n-1}$ 를 대입하여

$$f'(x_n) \approx \frac{f(x_{n-1}) - f(x_n)}{x_{n-1} - x_n} = \frac{f(x_n) - f(x_{n-1})}{x_n - x_{n-1}}$$

을 얻고 이를 뉴턴의 방법의 $f'(x_n)$ 에 대입하여

$$\boxed{x_{n+1} = x_n - \frac{f(x_n)(x_n - x_{n-1})}{f(x_n) - f(x_{n-1})}}$$

의 수식을 구성한다.

이러한 방법을 secant method 라고 부른다.
이 방법의 뉴턴의 방법과 차이점으로는 함수의 미분을 사용하지 않는다는 장점이 있는 반면 초깃값이 두 개가 필요하게 된다. 즉 x_0 와 x_1 이 처음에 데이터로 주어져야 한다. 또한 뉴턴의 방법에 비하여 근에 수렴하는 속도가 조금 느려서 원하는 오차 내에서 근의 근삿값을 구하기 위해 secant method

를 사용하여 계산하는 경우 뉴턴의 방법을 사용하여 계산하는 경우보다 계산해야 하는 x_n 이 일반적으로 조금 더 많게 된다.

2.3 분할법(bisection method)

$f(x)=0$ 의 한 근을 α 라 하고 $f(x)$ 가 α 근방 $[a,b]$ 에서 $x>\alpha$ 와 $x<\alpha$ 일 때 부호가 다른 경우(그림 4.2.3.) $a_1=a,\, b_1=b$ 로 정하고 이들의 중점을 m_1 이라 하자. 즉,

$$m_1=\frac{a_1+b_1}{2}\ .$$

만일 $f(m_1)$ 이 $f(a_1)$ 과 부호가 같으면 $a_2=m_1,\, b_2=b_1$ 로 정의하고 $f(m_1)$ 이 $f(b_1)$ 과 부호가 같으면 $a_2=a_1,\, b_2=m_1$ 으로 정의한다.

마찬가지로 a_2 와 b_2 의 중점으로 $m_2=\dfrac{a_2+b_2}{2}$ 를 정의하고, 만일 $f(m_2)$ 이 $f(a_2)$ 과 부호가 같으면 $a_3=m_2,\, b_3=b_2$ 으로 정의하고 $f(m_2)$ 이 $f(b_2)$ 과 부호가 같으면 $a_3=a_2,\, b_3=m_2$ 로 정의한다.

일반적으로

$$m_{n-1}=\frac{a_{n-1}+b_{n-1}}{2}$$

으로 하여, 만일 $f(m_{n-1})$ 이 $f(a_{n-1})$ 과 부호가 같으면 $a_n=m_{n-1},\, b_n=b_{n-1}$ 로 정의하고 $f(m_{n-1})$ 이 $f(b_{n-1})$ 과 부호가 같으면 $a_n=a_{n-1},\, b_n=m_{n-1}$ 으로 정의한다.

위와 같이 정의하면 근 $\alpha\in[a_n,b_n],\, n=1,2,3,\cdots$이고 매 단계마다 $[a_n,b_n]$ 의 길이는 반으로 줄어들어

$$\lim_{n\to\infty}a_n=\lim_{n\to\infty}b_n=\alpha$$

가 된다. 이러한 방법을 분할법(bisection method)라고 한다(그림 3.2.3).

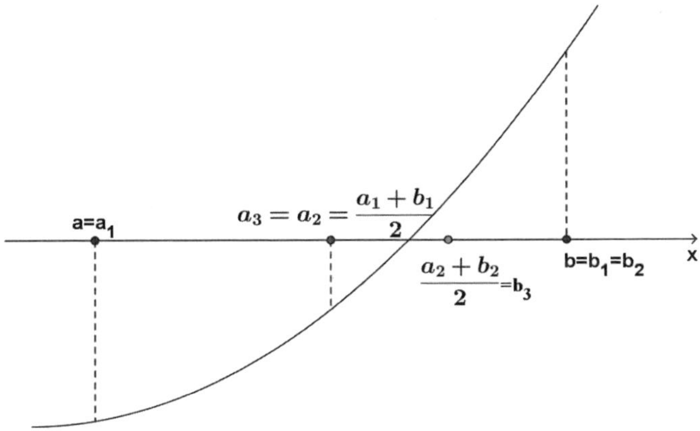

그림 3.2.3

〈예제〉 $f(x) = x^2 - 2 = 0$ **의 양의 근의 근삿값을 분할법으로 구하라.**

[풀이]

$a_1 = 0$, $b_1 = 2$ 로 시작하도록 한다.

$m_1 = \frac{0+2}{2} = 1$ 이고 $f(m_1) = f(1) = -1 < 0$, $f(a_1) = f(0) = -2 < 0$ 이므로

$$a_2 = m_1 = 1,\ b_2 = b_1 = 2$$

이다.

$m_2 = \frac{1+2}{2} = 1.5$ 이고 $f(m_2) = f(1.5) = 0.25 > 0$, $f(b_2) = f(2) = 2 > 0$ 이므로

$$a_3 = a_2 = 1,\ b_3 = m_2 = 1.5$$

이다.

같은 방법으로 계산하면

$$a_4 = 1.25, \qquad b_4 = 1.5$$
$$a_5 = 1.375, \qquad b_5 = 1.5$$

$$\begin{aligned} a_6 &= 1.375, & b_6 &= 1.4375 \\ a_7 &= 1.40625, & b_7 &= 1.4375 \\ a_8 &= 1.40625, & b_8 &= 1.421875 \\ a_9 &= 1.4140625, & b_9 &= 1.421875 \\ a_{10} &= 1.4140625, & b_{10} &= 1.41796875 \end{aligned}$$

이고 a_n, b_n 모두 근 $\sqrt{2}$ 로 수렴하는 것을 볼 수 있다.

위 예제에서 볼 수 있듯이 분할법은 뉴턴의 방법에 비하여 훨씬 많은 계산을 수행하여야 근에 가까운 값을 얻을 수 있다.

3. 여러 가지 응용

이 섹션에서는 사회과학적 현상과 자연과학적 현상에 미분을 적용하여 해석하는 방법을 몇 가지 구체적인 실례를 들어 설명한다.

3.1 복리 이자율의 연속 모델

은행에 예금된 돈에는 일정 기간 동안에 대한 적정한 이자율이 있어 그 이자율을 바탕으로 이자가 계산되어 원금에 더해진다. 일반적으로는 이자율이 연간으로 주어져 단리(simple interest) 또는 복리(compound interest)로 이자 계산을 하게 되는데 여기서는 복리계산에 대한 수학적인 모델을 세워 알아본다.

연간 이자율이 r 이고 복리로 이자가 계산되는 계좌에 S_0 만큼의 자금이 투자되어 있고 1년간 입출금이 없다는 가정하에 1년 후 계좌에 있는 잔금이 얼마가 될 것인지 생각해 보면, 만일 이자계산이 1년에 한 번 이루어진다면 1년 후 계좌에 있는 잔고는 원금에 r 의 비율로 계산된 이자가 더해져서

$$(1+r)S_0$$

이다.

1년에 두 번 이자 계산이 이루어진다면 6개월마다 $\frac{r}{2}$ 의 비율로 이자가 더해져 잔고는 6개월 후 $S_0(1+\frac{r}{2})$ 가 되고 1년 후에는 $S_0(1+\frac{r}{2})$ 에 $\frac{r}{2}$ 의 비율의 이자가 또 더해져

$$S_0(1+\frac{r}{2})(1+\frac{r}{2}) = S_0(1+\frac{r}{2})^2$$

이 된다.

1년에 4번 이자가 계산된다면 3개월마다 $\frac{r}{4}$ 의 이자가 더해져 3개월 후의 잔고는 $S_0(1+\frac{r}{4})$, 6개월 후에는 $S_0(1+\frac{r}{4})^2$, 9개월 후에는 $S_0(1+\frac{r}{4})^3$, 1년 후에는

$$S_0(1+\frac{r}{4})^4$$

이 된다.

일반적으로 1년에 n 번 이자 계산이 이루어진다면 $\frac{1}{n}$ 년에 1번씩 $\frac{r}{n}$ 비율의 이자가 더해져서 1년 후에는

$$S_0(1+\frac{r}{n})^n$$

의 잔고가 있게 된다.

국제간 금융거래에서는 매우 짧은 시간 동안에 거래가 이루어지기도 하고 또 자금의 입출금이 수시로 발생할 수 있으므로 위에서와 같은 이산적인 방법(discrete method)은 사용하기에 제한적일 수 있고 이자 계산에 대한 연속적인 모델을 세울 필요가 있다.

연속적인 모델을 세우기 위하여 $0 \le t \le 1$ 이라는 단위 기간 동안의 이자율이 r 이고 초기($t=0$) 에 S_0 ($=S(0)$)만큼이 투자되어 있다고 하자. 이자가

단위 기간 동안 n 번 계산된다는 가정하에 단위 기간을 길이가 $\frac{1}{n}$ 인 n 개의 소구간으로 나누어

$$t_i = \frac{i}{n}\ ,\ i = 0, 1, 2, 3, \cdots, n$$

$S(t_i)$: t_i 시점에 계좌에 있는 잔액

이라고 하면 $[t_i, t_{i+1}]$ 동안 $\frac{r}{n}$ 비율의 이자가 계산될 것이므로

$$S(t_{i+1}) = S(t_i)(1 + \frac{r}{n})$$

이 된다. 즉,

$$S(t_{i+1}) - S(t_i) = \frac{r}{n} S(t_i)$$

$$\frac{S(t_{i+1}) - S(t_i)}{\frac{1}{n}} = rS(t_i)$$

이다. $h = \frac{1}{n}$ 이라 하면 $t_{i+1} = t_i + \frac{1}{n}$ 이므로

$$\frac{S(t_i + h) - S(t_i)}{h} = rS(t_i)$$

가 되고 이자 계산이 끊임없이 계속되는 연속적인 경우를 생각하기 위하여 양변에 $h \to 0$ 인 극한을 취하고 $t_i = t$ 라 하면(t_i 는 임의로 선택하였음),

$$\frac{dS(t)}{dt} = \lim_{h \to 0} \frac{S(t+h) - S(t)}{h} = \lim_{h \to 0} rS(t) = rS(t)$$

가 성립한다. 즉, t 라는 시점에 계좌에 있는 잔액 $y = S(t)$ 은 방정식

$$\frac{dy}{dt} = ry$$

를 성립시키는 함수가 된다.

$y = S(t)$ 를 구체적으로 구하기 위해 $\frac{dy}{dt} = ry$ 의 양변을 y 로 나누고 $[0, t]$ 에서 적분을 하면,

$$\int_0^t \frac{1}{y} \frac{dy}{dt}\, dt = \int_0^t r\, dt$$

이다. 좌변은 <정리 3.4.3> (a) '치환적분'에 의하여

$$\int_0^t \frac{1}{y}\frac{dy}{dt}\,dt = \int_{S_0}^{S(t)} \frac{1}{y}\,dy$$

이어서

$$\ln S(t) - \ln S_0 = rt$$

가 되며,

$$\ln S(t) - \ln S_0 = \ln \frac{S(t)}{S_0}$$

이므로

$$S(t) = S_0\, e^{rt}$$

이 된다.

3.2 스넬의 법칙(Snell's law)

맑은 물을 유리컵에 담고 빨대를 꽂은 후 위에서 보면 빨대가 꺾여 보이고 옆에서 보면 수면에서 빨대가 끊어진 것처럼 보인다. 실제로 빨대 자체에는 아무런 변화가 없음에도 그렇게 보이는 것은 빛의 성질에 의해 착시 현상이 생기기 때문이다. 여기서는 다음의 페르마의 원리라고 부르는 빛의 성질을 이용하여 그런 착시 현상이 생기는 이유를 수학적으로 분석하여 살피도록 하겠다.

[빛의 성질]

I. 빛의 속도는 매질에 따라 다르고 일반적으로 매질이 밀도가 클수록 속도가 느려진다.

II. 빛은 두 지점 간을 지날 때 그 두 지점을 지나가는 시간을 최소로 하는 경로로 진행한다. (페르마의 원리, Fermat's Principle)

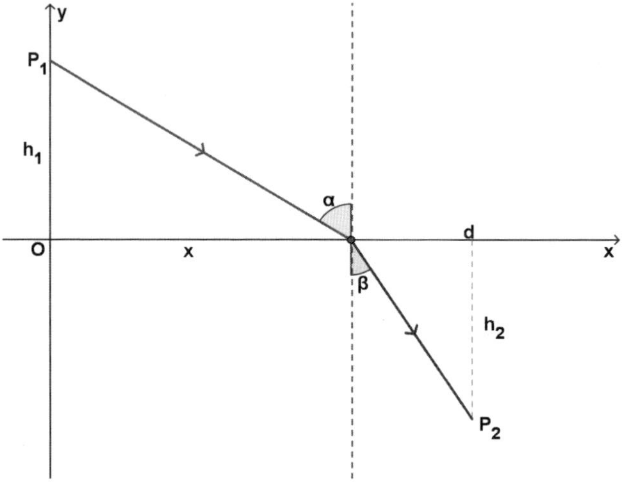

그림 3.3.1 하나의 물질에서 더 조밀한 물질로 진행하는 빛의 경로

위 그림과 같이 P_1 에서 P_2 로 진행하는 빛의 경로를 생각해 보자. 두 매질 사이의 경계면을 x 축으로 하고 P_1 을 y 축 상에 위치하도록 좌표평면을 구성한다. 원점(P_1 의 x 좌표)에서 빛이 경계면(x 축)과 닿는 곳까지의 거리를 x , P_1 과 P_2 의 수평방향의 거리를 l , P_1 에서 경계면까지의 수직거리를 h_1 , 경계면에서 P_2 까지의 수직거리를 h_2 , 입사각의 각도를 α 굴절각을 β 로 놓고 위의 매질에서의 빛의 속도를 c_1 , 아래 매질에서의 빛의 속도를 c_2 라 하자.

빛이 P_1 을 떠나 경계면까지 진행하는 거리는 $\sqrt{x^2+h_1^2}$ 이므로 경계면까지 다다르는 시간 t_1 은

$$t_1 = \frac{\sqrt{x^2+h_1^2}}{c_1}$$

이고 경계면에서부터 P_2 까지의 거리는 $\sqrt{(l-x)^2+h_2^2}$ 이므로 경계면에서 P_2 까지 다다르는 시간 t_2 는

$$t_2 = \frac{\sqrt{(l-x)^2 + h_2^2}}{c_2}$$

이다. 따라서 전체적으로 걸린 시간 $t = t_1 + t_2$ 는

$$t = \frac{\sqrt{x^2 + h_1^2}}{c_1} + \frac{\sqrt{(l-x)^2 + h_2^2}}{c_2}$$

이다.

페르마의 원리에 의하여 빛은 t 를 최소화하는 경로로 진행하므로 t 가 최솟값을 갖게 되는 경우를 알아보자.

t 의 x 에 대한 도함수 $\frac{dt}{dx}$ 를 살펴보면

$$\frac{dt}{dx} = \frac{x}{c_1\sqrt{x^2 + h_1^2}} - \frac{l-x}{c_2\sqrt{(l-x)^2 + h_2^2}}$$

이므로

$$x = 0 \text{ 이면 } \frac{dt}{dx} = \frac{-l}{\sqrt{l^2 + h_2^2}} < 0$$

$$x = l \text{ 이면 } \frac{dt}{dx} = \frac{l}{\sqrt{l^2 + h_1^2}} > 0$$

이다. 따라서 중간값의 정리에 의하여 $\frac{dt}{dx}$ 가 0 이 되는 x 가 존재하고

$$\frac{dt^2}{dx^2} = \frac{h_1^2}{c_1(x^2 + h_1^2)^{3/2}} + \frac{h_2^2}{c_2((x-l)^2 + h_2^2)^{3/2}} > 0$$

이므로 t 는 아래로 볼록한 함수여서 $\frac{dt}{dx} = 0$ 일 때 최솟값을 갖는다. 따라서 페르마의 원리에 의하여,

$$\frac{dt}{dx} = \frac{x}{c_1\sqrt{x^2 + h_1^2}} - \frac{l-x}{c_2\sqrt{(l-x)^2 + h_2^2}} = 0$$

이 되는 x 지점을 빛이 통과하게 되고 그 지점에서

$$\frac{x}{c_1\sqrt{x^2+h_1^2}}=\frac{l-x}{c_2\sqrt{(l-x)^2+h_2^2}}$$

이다. 그런데

$$\frac{x}{\sqrt{x^2+h_1^2}}=\sin\alpha\,,\quad \frac{l-x}{\sqrt{(l-x)^2+h_2^2}}=\sin\beta$$

이므로 빛이 경계면과 만나는 지점에서

$$\frac{\sin\alpha}{c_1}=\frac{\sin\beta}{c_2}$$

가 성립된다. 이러한 관계식을 '스넬의 법칙'이라고 부른다.

빛이 공기에서 물로 들어가는 경우 물의 밀도가 공기의 밀도보다 크므로 물에서의 빛의 속도가 더 느리다. 따라서 입사각이 굴절각보다 크게 되므로 빨대를 물에 담갔을 경우 빛은 <그림 3.3.1>의 경로로 진행하게 되어서 빨대가 꺾여 보이는 착시 현상이 발생하게 된다.

3.3 인구 증가에 관한 모델(population dynamics)

18세기 말 19세기 초 활동하였던 영국의 경제학자 토머스 맬서스(Thomas Malthus)는 인구의 증가율은 현재 인구수에 비례하게 되므로 인구수는 기하급수적으로 증가하게 된다고 하였다. 그는 또 식량은 산술급수적으로 증가하여 인류는 조만간에 식량난에 직면하게 될 것이라고 하였다.

그의 이론에 의하면 어느 시점 t 에서의 인구수를 $P(t)$ 라 하면 인구의 증가율은 인구수의 시간에 대한 순간 변화율이므로 $\frac{dP}{dt}$ 이고 $\frac{dP}{dt}$ 는 $P(t)$ 에 비

례하여, 비례상수를 α 라 하면

$$\frac{dP(t)}{dt} = \alpha P(t)$$

가 되므로 이 방정식을 풀면 인구수 $P(t)$ 를 알게 된다고 하였다. 이 방정식은 3.1에서 다룬 $\frac{dy}{dt} = ry$ 와 같은 형태이므로 같은 방법으로 양변을 적분하면

$$P(t) = P_0 e^{\alpha t}$$

형태가 되고 이에 따라 맬서스는 인구수는 기하급수적으로 증가한다고 하였다.

맬서스의 이론은 상당히 설득력이 있으나 인구수는 기하급수적으로 증가하지 않았고 기술의 발달로 인하여 오히려 식량의 생산량이 대폭 증가하게 되었다.

19세기 중반 벨기에의 수학자 페르휠스트(P. F. Verhulst)는 '인구수의 증가율은 출산율이나 사망률 등 현재 인구의 숫자에 비례하는 면과 더불어 사람들 사이의 상호 작용에 의해 발생하는 비선형적인 요소가 작용하여 결정된다'는 인식하에 인구증가율의 모델 방정식으로 다음과 같은 수학적 방정식을 제시하였다.

$$\frac{dy}{dt} = (r - ay)y\ , \quad r, a > 0$$

여기서 y 인구수이고 $\frac{dy}{dt}$ 는 인구수의 시간에 대한 변화율인 인구증가율을 의미한다.

페르휠스트가 제시한 방정식의 해의 모양을 살펴보자.
페르휠스트가 제시한 수학적 모델은

$$\frac{dy}{dt} = (r-ay)y = r(1-\frac{y}{C})y\ ,\ C = \frac{r}{a}\ > 0$$

이므로 우선 두 개의 상수해

$$y \equiv 0 \text{ 와 } y \equiv C$$

가 존재함을 알 수 있다.

이와 같은 두 상수해는 평형상태(equilibrium state)를 의미하는 것으로서

$y \equiv 0$ 은 멸종 상태

$y \equiv C$ 는 인구의 숫자가 C 가 되면 사망하는 수와 탄생하는 수가 같아져 더 이상 인구수의 변화가 없는 상태를 의미한다.

다음으로 $\frac{dy}{dt}$ 와 $\frac{d^2y}{dt^2}$ 의 부호를 살펴서 상수해가 아닌 해의 일반적인 모양을 알아보자.

페르휠스트의 모델에서 $\frac{dy}{dt} = ry - ay^2$ 이므로

$$\frac{d^2y}{dt^2} = (\frac{dy}{dt})' = \frac{d(ry-ay^2)}{dt}$$
$$= r\frac{dy}{dt} - a\frac{d(y^2)}{dt} = r(ry-ay^2) - a\frac{d(y^2)}{dx}$$

이고, chain rule 에 의하여

$$\frac{d(y^2)}{dt} = 2y\frac{dy}{dt}$$

이므로

$$\frac{d^2y}{dt^2} = r\frac{dy}{dt} - 2ay\frac{dy}{dt} = (r-2ay)\frac{dy}{dt}$$
$$= r(1-\frac{2}{C}y) \cdot (ry-ay^2)$$
$$= r^2y(1-\frac{y}{C})(1-\frac{2y}{C})$$

이다.

y 는 인구수이므로 항상 $y \geq 0$ 이고 $y = 0$ 인 경우는 위에서 고려하였으므로 $y > 0$ 인 경우만 행각하면,

$$0 < y < \frac{C}{2} \text{ 이면 } \frac{dy}{dx} > 0,\ \frac{d^2y}{dt^2} > 0,$$

$$y = \frac{C}{2} \text{ 이면 } \frac{dy}{dx} > 0,\ \frac{d^2y}{dt^2} = 0$$

$$\frac{C}{2} < y < C \text{ 이면 } \frac{dy}{dx} > 0,\ \frac{d^2y}{dt^2} < 0,$$

$$C < y \text{ 이면 } \frac{dy}{dx} < 0,\ \frac{d^2y}{dt^2} > 0,$$

이 된다. 따라서

(i) $0 < y < \frac{C}{2}$ 이면 y 는 증가 상태이고 그래프는 아래로 볼록이고,

(ii) $y = \frac{C}{2}$ 인 곳에 변곡점이 있게 되고,

(iii) $\frac{C}{2} < y < C$ 이면 y 는 위로 볼록인 모양으로 증가하며

(iv) $C < y$ 이면 아래로 볼록인 모양으로 감소하는 상태가 된다.

이에 따라 y 의 모양을 $t = 0$ 에서의 y 값 $(= y_0)$ 에 따라 살펴보면,

(i) $y_0 > C$ 이면 y 는 $t = 0$ 일 때 y_0 에서 시작하여 t 가 커짐에 따라 아래로 볼록인 모양으로 감소한다. 그러나 $y < C$ 가 되지는 않으므로(연습문제) 그래프로 나타내면 <그림 3.3.2>의 가장 위에 위치한 그래프의 모양이 된다.

(ii) $\frac{C}{2} < y_0 < C$ 이면 y 는 $t = 0$ 일 때 y_0 에서 시작하여 t 가 커짐에 따라 위로 볼록인 모양으로 증가한다. 그러나 $y > C$ 가 되지는 않으므로(연습문제) 그래프로 나타내면 <그림 3.3.2>의 중간에 위치한 그래프의 모양이 된다.

(iii) $0 < y_0 < \frac{C}{2}$ 이면 y 는 $t = 0$ 일 때 y_0 에서 시작하여 t 가 커짐에 따라 $y = \frac{C}{2}$ 가 되기까지 위로 볼록인 모양으로 증가하고 $y > \frac{C}{2}$ 면서 위로 볼록인 모양으로 증가한다. 그러나 (ii)에서와 마찬가지로 $y > C$ 가 되지는

않으므로 그래프로 나타내면 <그림 3.3.2>의 가장 아래 위치한 그래프의 모양이 된다.

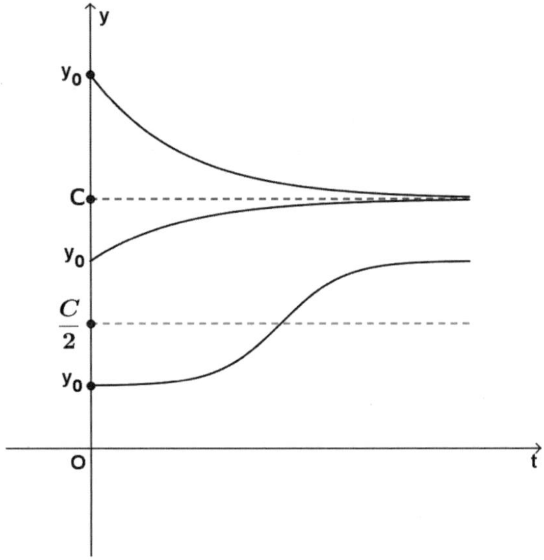

그림 3.3.2 y_0 에 따른 y 의 모양

페르휠스트에 의한 위의 이론은 후에 합리적일 뿐 아니라 실험실에서 과일 흑파리를 사용하여 실험한 결과와 상당히 일치하여서 인구수의 증가 상태도 이러한 그래프를 따를 것으로 인식되고 있다.

3.4 $E = mc^2$

아인슈타인의 특수 상대성 이론에 의하면 물체의 질량은 물체의 속도에 따라 변화하여 정지하였을 때 m_0 (정지질량)이라 하면 속도가 v 일 때의 질량 m (상대질량)은

$$m = \frac{m_0}{\sqrt{1 - \frac{v^2}{c^2}}}$$

이다. 여기서 c 는 빛의 속도, $3 \times 10^8\, m/\mathrm{sec}$ 이다.

미분의 정의에 의하여 $f'(x) = \lim_{h \to 0} \frac{f(x+h) - f(x)}{h}$ 이므로 $h \approx 0$ 일 때

$$f'(x) \approx \frac{f(x+h) - f(x)}{h}$$

이다. 따라서 $h \approx 0$ 이면

$$f(x+h) \approx f(x) + hf'(x)$$

이고, 특히 $f(x) = \frac{1}{\sqrt{x}}$ 인 경우에는 $h \approx 0$ 일 때는

$$f'(x) = (\frac{1}{\sqrt{x}})' = \frac{-1}{2x\sqrt{x}}$$

이므로

$$\frac{1}{\sqrt{x+h}} \approx \frac{1}{\sqrt{x}} + h \cdot (\frac{-1}{2x\sqrt{x}})$$

가 된다.

그런데 일반적으로 물체의 속도 v 는 빛의 속도 c 보다 매우 작아 $\frac{v^2}{c^2} \approx 0$ 이므로

$$\frac{1}{\sqrt{x+h}} \approx \frac{1}{\sqrt{x}} + h \cdot (\frac{-1}{2x\sqrt{x}})$$

에서 $x = 1,\ h = -\frac{v^2}{c^2}$ 인 경우를 고려하면

$$\frac{1}{\sqrt{1 - \frac{v^2}{c^2}}} \approx 1 + \frac{1}{2}\frac{v^2}{c^2}$$

이 된다. 따라서

$$m = \frac{m_0}{\sqrt{1-\frac{v^2}{c^2}}} \approx m_0(1+\frac{1}{2}\frac{v^2}{c^2}) = m_0 + \frac{1}{2}m_0\frac{v^2}{c^2}$$

이라 할 수 있고

$$m - m_0 \approx \frac{1}{2}m_o\frac{v^2}{c^2}$$

이 된다.

$m-m_0$ 은 상대질량과 정지질량의 차이로서 질량의 변화를 의미하므로 질량의 변화량은 $\frac{1}{2}m_0\frac{v^2}{c^2}$ 가 되고 양변에 c^2 을 곱해 주면

$$(m-m_0)c^2 \approx \frac{1}{2}m_0v^2$$

이 된다. 여기서 질량 m_0 에 속도의 제곱과 $\frac{1}{2}$ 을 곱한 것은 운동에너지를 의미하므로 질량의 변화가 있을 때 질량의 변화량에 빛의 속도의 제곱을 곱한 것만큼의 에너지가 발생한다는 것을 알 수 있다.
빛은 매우 빠르게 진행하므로($c \approx 3 \cdot 10^8 m/\sec$) 이 수식은 매우 작은 질량의 변화는 매우 큰 에너지를 생성하게 됨을 알려준다.

〈예제〉 핵반응으로 인하여 1그램의 질량이 줄어들었을 때 발생하는 에너지를 계산하라.

[풀이]
발생하는 에너지E는

$$E=1\text{g} \cdot (3 \cdot 10^8 m/\sec)^2$$

이 된다. 물리적 단위를 맞추기 위해 $1\text{g} = 1\times10^{-3}kg$ 으로 하면

$$E = 9\times10^{13}kg \cdot (m/\sec)^2 = 9\times10^{13}Joule$$

이고, $1\ Joule \approx 0.24\ cal$ 이므로

$$E \approx 2.16\times10^{13}cal$$

이다.

$1\,cal$ 는 1g 의 물을 $1^{o}c$ (섭씨 1도) 올리는 데 필요한 에너지이므로 E 는 2.16×10^{13} 그램의 물을 $1^{o}c$ 올릴 수 있는 에너지 또는 2.16×10^{5} 톤의 물을 $100^{o}c$ 만큼 올릴 수 있는 에너지이다. 물 $1\,m^{3}$ 의 무게가 1톤이므로 2.16×10^{5} 톤의 물은 깊이가 $2.16\,m$, 너비가 $100\,m$, 길이가 $1{,}000\,m\;=1km$ 인 풀장에 가득찬 물의 양이다. 따라서 질량 1그램이 손실되면 깊이가 $2.16\,m$, 너비가 $100\,m$, 길이 $1km$ 인 풀장에 가득찬 물의 온도를 $0^{o}c$ 에서 $100^{o}c$ 까지 올릴 수 있는 막대한 양의 에너지가 생성된다.

3.5 경제 기초이론

회사에서 어떤 물품을 x 단위만큼 생산하였을 때 비용(cost)과 수입(revenue) 그리고 이윤(profit)은 x 에 따라 변하므로 생산량 x 의 함수가 된다. 비용과 수입, 이윤을 각각

$C(x)\,=\,x$ 만큼 생산하는 데에 드는 총비용
$R(x)\,=\,x$ 만큼 판매하여 발생한 수입
$\pi(x)=R(x)-C(x)\,=\,x$ 만큼 생산하고 판매하여 발생하는 이윤

으로 놓으면 x 만큼 생산하고 판매하였을 때의 한계비용(marginal cost), 한계수입(marginal revenue), 한계이윤(marginal profit)은

$$\frac{dC}{dx}=\text{한계비용}$$

$$\frac{dR}{dx}=\text{한계수입}$$

$$\frac{d\pi}{dx}=\text{한계이윤}$$

이다.

$C(x),R(x),\pi(x)$ 가 모두 미분 가능한 함수이면 <정리 2.4.5>에 의하여 이윤 $\pi(x)$ 가 극대(소)화되기 위해서는 한계이윤 $\frac{d\pi}{dx}=\frac{dr}{dx}-\frac{dC}{dx}=0$ 이어야 한다. 이를 경제 언어로 표기하면

> 이윤의 극대(소)화는
> $$\text{한계이윤} = 0$$
> 즉,
> $$\text{한계비용} = \text{한계수입}$$
> 일 때 발생한다.

이고 <그림 3.3.3>과 같이 그래프로 도시된다.

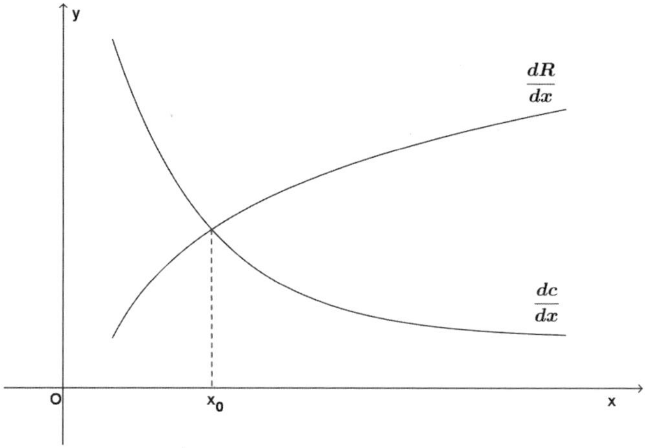

그림 3.3.3. 최대이윤 $x = x_0$

〈예제〉 x 만큼의 상품을 생산하는 데 드는 총비용 $C(x)$ 와 이를 판매하여 생기는 수입 $R(x)$ 가 다음과 같이 주어져 있다.

$$C(x) = 200 + 1.2x$$
$$R(x) = 4x - 0.002x^2$$

$0 \le x \le 1000$ **이라면 이윤을 극대로 하는 상품 생산량은 얼마인가?**

[풀이]

한계수입 $R'(x) = 4 - 0.004x$

한계비용 $C'(x) = 1.2$

이므로'한계비용 = 한계수입'으로부터

$$4 - 0.004x = 1.2$$

$$x = \frac{2.8}{0.004} = 700$$

따라서 생산량은 700일 때 이윤이 극대화된다.

다음으로 상품을 생산하는 데 소요되는 평균비용에 대하여 생각해 보자. 상품을 만드는 데 평균비용의 대소는 상품의 생산 여부를 결정하는 중요한 요소 중의 하나이고 평균비용을 극소로 하는 것이 중요한 포인트가 된다.

> 어느 상품을 x 만큼의 양을 생산하는 데 드는 총비용을 $C(x)$ 라 할 때 생산량 x 에 대한 평균비용(Average cost) $a(x)$ 는
> $$a(x) = \frac{C(x)}{x}$$
> 로 정의한다.

〈예제〉 x 만큼 생산하는 데 드는 총비용을 $C(x)$가

$$C(x) = 1000 + 20x$$

로 주어져 있을 때 100번째 유닛을 생산할 때, 즉 $x = 100$일 때, 평균비용과 한계비용을 계산하라.

[풀이]

평균비용 $a(x) = \dfrac{C(x)}{x} = \dfrac{1000 + 2000}{100} = 30$,

한계비용 $\dfrac{dC(x)}{dx} = 20$ 이다.

〈예제〉 한계비용이 평균비용보다 클 때 생산량이 증가하면 평균비용이 증가하고 한계비용이 평균비용보다 작을 때 생산량이 증가하면 평균비용이 감소하게 됨을 보이라.

[풀이]

평균비용 $a(x)=\dfrac{C(x)}{x}$ 를 미분하면

$$a'(x)=\frac{xC'(x)-C(x)}{x^2}=\frac{1}{x}[C'(x)-\frac{C(x)}{x}]$$

$$=\frac{1}{x}[\text{ 한계비용 - 평균비용}]$$

이다. 따라서 x 는 생산량을 표시하는 변수로서 항상 양수이므로

한계비용이 평균비용보다 크면

$$a'(x)>0$$

이어서 평균비용 $a(x)$ 는 증가하고

한계비용이 평균비용보다 작으면

$$a'(x)<0$$

이어서 평균비용 $a(x)$ 는 증가한다.

4. 테일러 정리(Taylor's Theorem)

우리에게 가장 친숙하고 다루기 쉬운 함수는 다항식이다. 만일 주어진 함수가 다항식의 형태로 표현 가능한 방법이 있다면 이 방법은 여러 가지로 사용되고 다양한 분야에 응용될 수 있을 것이다.

영국의 수학자 브룩 테일러(Brook Taylor)는 1715년 테일러 전개(Taylor Expansion) 정리를 발표하여 여러 번 미분 가능한 함수의 근사 다항식을 구하는 방법에 대하여 논하였다. 이를 테일러급수라 하는데 이 테일러급수의 중요성이 완전히 인정받게 된 것은 오일러가 그것을 미분법에 적용한 1755년의 일이며 라그랑주가 잉여량을 첨가한 급수를 함수론의 기초로 이용하게 되었다. 테일러 정리는 미분방정식과 수치해석 그리고 많은 순수과학 및

응용과학 분야에서 널리 이용되고 있어 수학의 기초이론 중에서 가장 여러 분야에 사용되고 활용도가 높은 이론이라 할 수 있다.

[정리 3.4.1] 테일러 정리(Taylor's Theorem)

$f(x)$가 개구간 I에서 $(n+1)$번 미분 가능하고 $a \in I$이면 구간 I상의 임의의 점 x에 대하여

$$f(x) = P_n(x) + R_n(x)$$

이다. 여기서,

$$P_n(x) = f(a) + f'(a)(x-a) + \frac{f''(a)}{2!}(x-a)^2 + \cdots + \frac{f^{(n)}(a)}{n!}(x-a)^n$$
$$= \sum_{i=0}^{n} \frac{f^{(i)}(a)}{i!}(x-a)^i$$
$$R_n(x) = \frac{f^{(n+1)}(\xi)}{(n+1)!}(x-a)^{n+1}$$

이다. 단, ξ는 x와 a 사이에 있다.

여기서 $P_n(x)$를 $f(x)$의 $x=a$에서의 테일러 다항식(Taylor Polynomial)이라 하고 $R_n(x)$는 $f(x)$의 $x=a$에서의 나머지항(Remainder term)이라 한다.

[증명]

$a < y \in I$에 대하여

$$P_n(x) = f(a) + f'(a)(x-a) + \frac{f''(a)}{2!}(x-a)^2 + \cdots + \frac{f^{(n)}(a)}{n!}(x-a)^n$$
$$f_n(x) = P_n(x) + \frac{f(y) - P_n(y)}{(y-a)^{n+1}}(x-a)^{n+1}$$
$$F(x) = f(x) - f_n(x)$$

라 하면 $F(x)$와 $F'(x)$는 $[a, y]$에서 연속이고 $F(a) = F(y) = 0$이다. 따라서 롤(Rolle)의 정리에 의하여 a와 y 사이에 점 c_1이 존재하여

$$F'(c_1) = 0$$

이 된다. 그런데 $F'(a)=0$ 이므로 롤의 정리를 $F'(x)$ 에 적용하면 a 와 c_1 사이에 점 c_2가 존재하여

$$F''(c_2)=0$$

이 된다.

같은 방법으로 $F'(a)=F'''(a)=\cdots=F^{(n-1)}(a)=F^{(n)}(a)=0$이므로 롤의 정리를 계속 적용하면

a 와 c_2 사이에 $F'''(c_3)=0$ 인 점 c_3 가 존재하고
a 와 c_3 사이에 $F^{(4)}(c_4)=0$ 인 점 c_4 가 존재하고

$$\vdots$$

a 와 c_{n-1} 사이에 $F^{(n)}(c_n)=0$ 인 점 c_n 가 존재하고
a 와 c_n 사이에 $F^{(n+1)}(c_{n+1})=0$ 인 점 c_{n+1} 가 존재한다.

$P_n(x)$ 는 n차 다항식이고 n차 다항식을 $n+1$번 미분하면 0이 되고 $(x-a)^{n+1}$ 을 $n+1$ 번 미분하면 $(n+1)!$ 이 되므로

$$0=F^{(n+1)}(c_{n+1})=f^{(n+1)}(c_{n+1})-\frac{f(y)-P_n(y)}{(y-a)^{n+1}}(n+1)!$$

이다. 따라서 $\xi=c_{n+1}$ 로 놓으면

$y>a$ 에 대하여

$$f(y)=P_n(y)+\frac{f^{(n+1)}(\xi)}{(n+1)!}(y-a)^{n+1}$$

이다.

$y<a$ 인 경우도 같은 방법으로

$$f(y)=P_n(y)+\frac{f^{(n+1)}(\xi)}{(n+1)!}(y-a)^{n+1}$$

이 된다. y 는 임의의 수 이므로 y 를 x 로 바꾸면,

모든 $x\in I$ 에 대하여

$$f(x)=P_n(x)+\frac{f^{(n+1)}(\xi)}{(n+1)!}(x-a)^{n+1}$$

이다.

테일러 정리에서 $n=0$ 이면

$$f(x)=f(a)+f'(\xi)(x-a)$$

이 되고 여기서 x 에 b 를 대입하면

$$\frac{f(b)-f(a)}{b-a}=f'(\xi)$$

가 되어 평균값의 정리가 된다. 즉 평균값의 정리는 테일러 정리의 특수한 경우라 할 수 있다.

〈예제〉

(a) $f(x)=\sin x$ **에** $a=\frac{\pi}{3}$ **,** $n=3$ **으로 하여 Taylor 정리를 적용하라.**

[풀이]

$\sin' x=\cos x$, $\sin'' x=-\sin x$, $\sin''' x=-\cos x$,

$\sin^{(4)} x=\sin x$ 이므로

$$\begin{aligned}\sin x &= f(\frac{\pi}{3})+f'(\frac{\pi}{3})(x-\frac{\pi}{3})+f''(\frac{\pi}{3})\frac{(x-\frac{\pi}{3})^2}{2!}+f'''(\frac{\pi}{3})\frac{(x-\frac{\pi}{3})^3}{3!} \\ &\quad +f^{(4)}(\xi)\frac{(x-\frac{\pi}{3})^4}{4!} \\ &= \frac{\sqrt{3}}{2}+\frac{1}{2}(x-\frac{\pi}{3})-\frac{\sqrt{3}}{4}(x-\frac{\pi}{3})^2-\frac{1}{12}(x-\frac{\pi}{3})^3 \\ &\quad +\frac{\sin\xi}{24}(x-\frac{\pi}{3})^4\end{aligned}$$

이다.

(b) $f(x)=e^x$ **에** $a=0$ **,** $n=5$**로 하여 테일러 정리를 적용하라.**

[풀이]

$(e^x)'=(e^x)''=\cdots=(e^x)^{(6)}=e^x$ 이고 $e^0=1$ 이므로

$$e^x = 1 + x + \frac{x^2}{2!} + \frac{x^3}{3!} + \frac{x^4}{4!} + \frac{x^5}{5!} + \frac{e^{\xi}}{6!} x^6$$

이다.

(c) $f(x) = \sin x$ **에** $a = 0$ **,** $n = 4$ **일 때 테일러 정리를 적용하여** $\sin(0.1)$ **의 근삿값을 구하라.**

[풀이]

$\sin' x = \cos x$, $\sin'' x = -\sin x$, $\sin''' x = -\cos x$,

$\sin^{(4)} x = \sin x$, $\sin^{(5)} x = \cos x$ 이므로

$$\sin x = \sin 0 + \cos 0\, x - \frac{\sin 0}{2!} x^2 - \frac{\cos 0}{3!} x^3 + \frac{\sin 0}{4!} x^4 + \frac{\cos \xi}{5!} x^5$$

$$= x - \frac{x^3}{3!} + \cos\xi \frac{x^5}{5!}$$ 이므로,

$$\sin(0.1) = 0.1 - \frac{(0.1)^3}{3!} + \cos\xi \frac{(0.1)^5}{5!}$$ 이다.

따라서 $\sin(0.1)$ 의 근삿값은

$$\sin(0.1) \approx 0.1 - \frac{(0.1)^3}{3!}$$

이고 이 근삿값의 오차는 $\left|\cos\xi \frac{(0.1)^5}{5!}\right| < 1 \cdot \frac{(0.1)^5}{100} = 10^{-7}$ 이다.

(d) $f'(x) = \lim_{h \to 0} \frac{f(x+h) - f(x)}{h}$ **로 정의된다. 따라서** $h \approx 0$**이면**

$$f'(x) \approx \frac{f(x+h) - f(x)}{h}$$

일 것이다. 이렇게 $f'(x)$ **의 근삿값을 구할 때 오차는 어떻게 되는가?**

[풀이]

$f(x)$ 에 $n = 1$로서 테일러 정리를 적용하면

$$f(x) = f(a) + f'(a)(x - a) + \frac{f''(\xi)}{2!}(x - a)^2$$

이다. 여기에 $x=a+h$을 대입하면

$$f(a+h)=f(a)+f'(a)(a+h-a)+f''(\xi)\frac{(a+h-a)^2}{2!}$$

이므로

$$f'(a)=\frac{f(a+h)-f(a)}{h}-f''(\xi)\frac{h}{2!}$$

가 된다. 따라서 근삿값

$$f'(a)\approx\frac{f(a+h)-f(a)}{h}$$

의 오차는 $-f''(\xi)\frac{h}{2!}$ 가 된다.

〈연습문제〉

1. $f(x)=\cos x$ 에 $a=0$, $n=5$ 으로 하여 테일러 정리를 적용하라.

2. $f(x)=\ln(1+x)$, $x>-1$ 에 $a=0$, $n=5$ 으로 하여 테일러 정리를 적용하라.

3. 다음의 근삿값을 오차가 $(10)^{-4}$ 보다 작게 하여 구하라.
   (a) $\cos(1.5)$ (b) $\sqrt{e}$ © $\sin 1$

5. 테일러급수(Taylor Series)

주어진 함수 $f(x)$가 무한 번 미분 가능한 경우

$$\lim_{n\to\infty}\sum_{i=1}^{n}\frac{f^{(i)}(a)}{i!}(x-a)^i=\sum_{n=1}^{\infty}\frac{f^{(n)}(a)}{n!}(x-a)^n$$

를 $f(x)$ 의 테일러급수라 한다.

주어진 함수 $f(x)$ 의 테일러 정리에서의 나머지 항 $R_n(x)$ 가 n 이 커져 감에 따라 0에 가까워져 $\lim_{n\to\infty} R_n(x) = 0$ 인 경우에는

$$\begin{aligned} f(x) &= \lim_{n\to\infty}(P_n(x) + R_n(x)) \\ &= \lim_{n\to\infty} P_n(x) \\ &= \lim_{n\to\infty}\sum_{i=0}^{n}\frac{f^{(i)}(a)}{i!}(x-a)^i \end{aligned}$$

가 되어

$$f(x) = \sum_{n=0}^{\infty}\frac{f^{(n)}(a)}{n!}(x-a)^n$$

가 된다. 즉 테일러급수와 함수의 값이 일치하게 되어 다음 정리가 성립한다.

[정리 3.5.1]

함수 $f(x)$ 가 a 를 포함하는 구간에서 무한 번 미분 가능하고 $f(x)$ 의 $x=a$ 에서의 나머지 항 $R_n(x)$ 이 그 구간의 모든 x 에 대하여

$$\lim_{n\to\infty} R_n(x) = 0$$

이면 그 구간의 모든 x 에 대하여

$$f(x) = \sum_{n=0}^{\infty}\frac{f^{(n)}(a)}{n!}(x-a)^n$$

이다.

〈예제〉 $f(x) = \sin x$ 의 $a=0$ 에서의 테일러급수를 구하라. 이 테일러급수는 $\sin x$ 와 일치하는가?

[풀이]

$$\frac{d^n \sin x}{dx^n} = \sin(x + \frac{n\pi}{2}), \quad n = 1,2,3,\cdots$$

이므로 $f(x) = \sin x$ 로 놓으면,

$$f(0)=0,\ f'(0)=1,\ f''(0)=0,\ f'''(0)=-1,\ f^{(4)}(0)=0,\ \cdots$$

이고, 테일러급수는

$$x-\frac{x^3}{3!}+\frac{x^5}{5!}-\frac{x^7}{7!}+\ \cdots\ +(-1)^n\frac{x^{2n-1}}{(2n-1)!}+\cdots\ =\sum_{n=1}^{\infty}(-1)^n\frac{x^{2n-1}}{(2n-1)!}$$

이다.

나머지 항

$$R_n(x)=f^{(n+1)}(\xi)\frac{x^{n+1}}{(n+1)!}$$

에서

$$f^{(n+1)}(x)=\pm\sin x \text{ 혹은 } \pm\cos x$$

이므로 $|f^{(n+1)}(\xi)|\le 1$ 이고 따라서

$$\lim_{n\to\infty}|R_n|\le\lim_{n\to\infty}\frac{|x|^{n+1}}{(n+1)!}=0$$

이 되므로

$$\begin{aligned}\sin x &= x-\frac{x^3}{3!}+\frac{x^5}{5!}-\frac{x^7}{7!}+\ \cdots\ +(-1)^n\frac{x^{2n-1}}{(2n-1)!}+\cdots\\ &=\sum_{n=1}^{\infty}(-1)^n\frac{x^{2n-1}}{(2n-1)!}\end{aligned}$$

이다.

〈예제〉 $f(x)=e^x$ 의 $a=0$ 에서의 테일러급수를 구하고 그 테일러급수는 e^x 와 모든 x 에서 같음을 보이라.

[풀이]

$$\frac{d^n e^x}{dx^n}=e^x,\quad n=1,2,3,\cdots$$

이므로 $f(x)=e^x$ 로 놓으면,

$$1=f(0)=f'(0)=f''(0)=f'''(0)=f^{(4)}(0)=\ \cdots\ =f^{(n)}(0)=\cdots$$

이다. 따라서 e^x 의 테일러급수는

$$1+x+\frac{x^2}{2!}+\frac{x^3}{3!}+\frac{x^4}{4!}+\cdots+\frac{x^n}{n!}+\cdots=\sum_{n=0}^{\infty}\frac{x^n}{n!}$$

이다.

나머지 항

$$R_n(x)=e^{\xi}\frac{x^{n+1}}{(n+1)!}$$

에서 ξ 는 $a=0$ 과 x 사이에 있으므로

$$0\le|\xi|\le|x|$$

이고, 따라서

$$\lim_{n\to\infty}|R_n|\le\lim_{n\to\infty}e^{|x|}\frac{|x|^{n+1}}{(n+1)!}=0$$

이다. 그러므로

$$\begin{aligned}e^x&=1+x+\frac{x^2}{2!}+\frac{x^3}{3!}+\frac{x^4}{4!}+\cdots+\frac{x^n}{n!}+\cdots\\&=\sum_{n=0}^{\infty}\frac{x^n}{n!}\end{aligned}$$

이다.

위에서 구한

$$e^x=1+x+\frac{x^2}{2!}+\frac{x^3}{3!}+\frac{x^4}{4!}+\cdots+\frac{x^n}{n!}+\cdots=\sum_{n=0}^{\infty}\frac{x^n}{n!}$$

에서 $x=\theta i$ 를 대입하면

$$\begin{aligned}e^{i\theta}&=1+i\theta+\frac{(i\theta)^2}{2!}+\frac{(i\theta)^3}{3!}+\frac{(i\theta)^4}{4!}+\cdots+\frac{(i\theta)^n}{n!}+\cdots\\&=(1-\frac{\theta^2}{2!}+\frac{\theta^4}{4!}-\frac{\theta^6}{6!}+\cdots)+i(\theta-\frac{\theta^3}{3!}+\frac{\theta^5}{5!}-\frac{\theta^7}{7!}+\cdots)\end{aligned}$$

이다. 단, 여기서 더하는 순서를 바꾼 것은 급수가 절대수렴하기 때문에 가능하다. (절대수렴에 대한 내용은 거의 모든 Calculus 교재에 나와 있으며 이 책에서는 급수가 절대수렴하는 경우 더하는 순서를 바꾸어도 더한 값이 변하지 않는다는 사실만을 사용하기로 한다.)

그런데 위의 예제로부터

$$\sin x = x - \frac{x^3}{3!} + \frac{x^5}{5!} - \frac{x^7}{7!} + \cdots$$

이고 아래 연습문제 1번으로부터

$$\cos x = 1 - \frac{x^2}{2!} + \frac{x^4}{4!} - \frac{x^6}{6!} + \cdots$$

이므로

$$e^{i\theta} = \cos\theta + i\sin\theta$$

가 된다.

이 등식은 오일러 등식(Euler Identity)이라고 불리고 수학적으로 상당히 유용하여 수학의 여러 분야에서 많이 사용된다.

〈예제〉 e는 무리수임을 보이라.

[풀이]

만일 e가 유리수라면 적당한 자연수 m, n에 대하여

$$e = \frac{m}{n}$$

으로 표현되어야 하고 그러면

$$S_n = \sum_{k=0}^{n} \frac{1}{k!} = 1 + \frac{1}{1!} + \frac{1}{2!} + \frac{1}{3!} + \cdots + \frac{1}{n!}$$

이라 놓으면

$$n!\,(e - S_n) = n!\left(\frac{m}{n} - 1 - \frac{1}{1!} - \frac{1}{2!} - \frac{1}{3!} - \cdots - \frac{1}{n!}\right)$$

은 정수가 되어야 한다.

한편,

$$e = e^1 = 1 + \frac{1^2}{2!} + \frac{1^3}{3!} + \frac{1^4}{4!} + \cdots + \frac{1^n}{n!} + \cdots$$
$$= \sum_{n=0}^{\infty} \frac{1}{n!}$$

이므로

$$0 < n!(e-S_n) = n!(\sum_{k=0}^{\infty}\frac{1}{k!} - \sum_{k=0}^{n}\frac{1}{k!}) = n!\sum_{k=n+1}^{\infty}\frac{1}{k!}$$
$$= n!(\frac{1}{(n+1)!}+\frac{1}{(n+2)!}+\frac{1}{(n+3)!}+\cdots)$$
$$= \frac{1}{n+1}+\frac{1}{(n+1)(n+2)}+\frac{1}{(n+1)(n+2)(n+3)}+\cdots)$$
$$< \frac{1}{n+1}+\frac{1}{(n+1)^2}+\frac{1}{(n+1)^3}+\cdots$$

이다.

여기서 마지막 항

$$\frac{1}{n+1}+\frac{1}{(n+1)^2}+\frac{1}{(n+1)^3}+\cdots$$

은 초항이 $\frac{1}{n+1}$ 이고 공비가 $\frac{1}{n+1}$ 인 등비급수이므로

$$\frac{1}{n+1}+\frac{1}{(n+1)^2}+\frac{1}{(n+1)^3}+\cdots = \frac{\frac{1}{n+1}}{1-\frac{1}{n+1}} = \frac{1}{n}$$

이고, 따라서

$$0 < n!(e-S_n) < \frac{1}{n}$$

가 된다.

그런데 위에서 $n!(e-S_n)$ 은 정수임을 보였으므로 $n!(e-S_n)$ 은 0 보다 크고 1보다 작은 자연수여야 한다. 이는 모순이므로 e 는 유리수가 될 수 없고 e 는 무리수여야 한다.

〈연습문제〉

1. $a=0$ 에서 $\cos x$ 의 테일러급수를 구하고 그 급수의 모든 x 에서의 값이 $\cos x$ 와 같음을 보이라.

2. $-1 < x < 1$일 때, $\log\left(\dfrac{1+x}{1-x}\right) = 2\left(x + \dfrac{x^3}{3} + \dfrac{x^5}{5} + \cdots\right)$임을 보이라.

3. $\cos x = \dfrac{e^{i\theta} + e^{-i\theta}}{2}$ 이고 $\sin x = \dfrac{e^{i\theta} - e^{-i\theta}}{2i}$ 임을 보이라.

4장. 적분법(Integration)과 쌍곡선 함수

이 장에서는 적분에 대하여 리만 적분(Riemann Integral)을 사용하여 엄밀히 정의하고 이를 사용하여 쌍곡선 함수를 정의하고 그 응용에 대하여 공부한다.

1.적분의 정의

[정의 4.1.1] 리만 적분(Riemann Integral)

구간 $[a,b]$ 에 정의된 함수 $f(x)$ 와 $a=x_0 < x_1 < x_2 < \cdots < x_i < \cdots < x_n = b$ 인 임의의 점 $x_0, x_1, x_2, \cdots, x_n$ 에 대하여

$\triangle_i = x_i - x_{i-1}$, $i = 1,2,\cdots,n$,

$\triangle = \max\{\triangle_1, \triangle_2, \cdots, \triangle_n\}$라 하자.

각각의 구간 $[x_{i-1}, x_i]$ 에서 임의의 점을 선택하여 x_i^* 라 할 때(그림 4.1.1), $\lim_{\triangle \to 0} \sum_{i=1}^{n} f(x_i^*) \triangle_i$ 이 존재하면 이 극한값을 함수 $f(x)$ 의 구간 $[a,b]$ 에서의 정적분이라 하고 $\int_a^b f(x)\,dx$ 로 표기한다.

이때, $f(x)$ 는 구간 $[a,b]$ 에서 적분 가능(Integrable)하다고 한다.

그리고 $\sum_{i=1}^{n} f(x_i^*) \triangle_i$ 을 함수 $f(x)$ 의 리만합(Riemann sum)이라 한다.

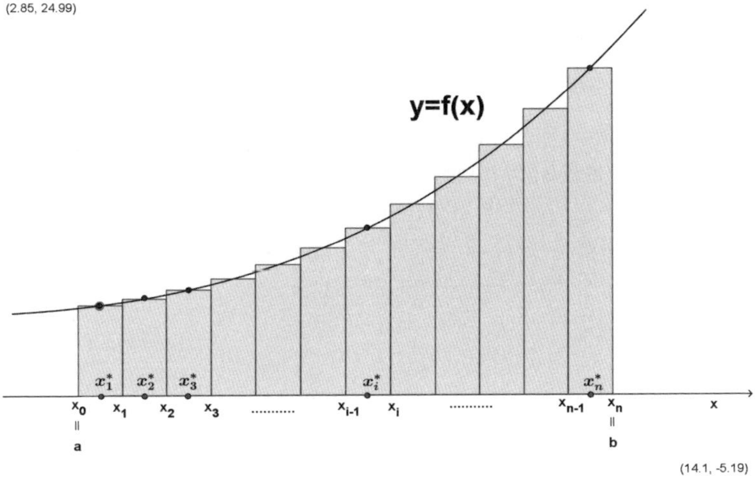

그림4.1.1

위의 정의에서 보면 리만합의 극한이 존재할 때 적분이 가능하다고 하였다. 이는 극한이 존재하여 적분이 가능한 함수가 있는 반면 극한이 존재하지 않아 적분이 불가능한 함수도 있다는 사실을 내포하고 있다.

일반적으로 함수 $f(x)$ 가 주어진 구간 $[a,b]$ 에서 연속이면 그 구간에서 리만합의 극한이 존재하며 적분이 가능하여 정적분 $\int_a^b f(x)\,dx$ 가 존재한다. 그러나 적분이 존재하지 않는 경우도 얼마든지 있다.

〈예제〉 다음과 같이 정의된 함수를 생각해 보자.

$$f(x)=\begin{cases}1, & x\text{는 유리수}\\ 0, & x\text{는 무리수}\end{cases}$$

$f(x)$ 를 $[0,1]$ 에서 적분의 정의에 따라 고려해 보면,

$0=x_0<x_1<x_2<\cdots<x_i<\cdots<x_n=1$ 인 $x_{0,}\cdots,x_n$ 에서 x_{i-1} 와 x_i 사이에는 항상 유리수도 있고 무리수도 있기 때문에 $f(x_i^*)$ 은 0 혹은 1이 된다. 따라서 리만합 $\sum_{i=1}^{n} f(x_i^*)\Delta_i$ 는 x_i^* 가 유리수로 선택된 구간의 길이들의 합이

되므로 0에서 1까지의 어느 값이나 취할 수 있게 된다. 따라서 리만합의 극한은 존재하지 않고 이 함수는 $[0,1]$ 에서 적분이 불가능하다.

[정의 4.1.2] 부분연속함수(piecewise continuous function)
함수 $f(x)$ 가 구간 I 에서 유한개의 불연속점을 갖고 각각의 불연속점에서 발산하지 않는 경우 $f(x)$ 를 I 에서 부분연속함수라고 한다.

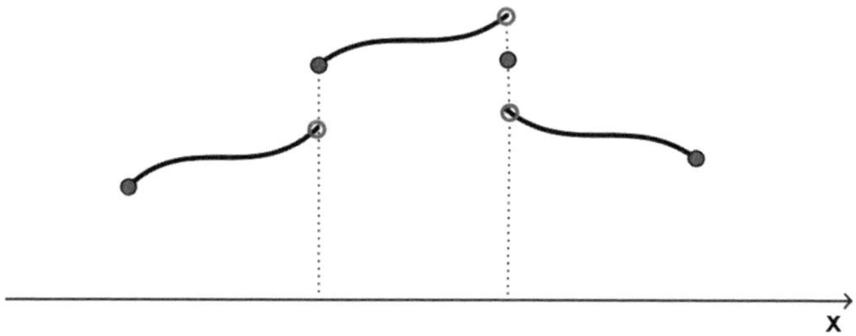

그림 4.1.2 부분연속함수

[정리 4.1.1]
함수 $f(x)$ 가 주어진 구간 $[a,b]$ 에서 부분 연속이면 그 구간에서 리만합의 극한이 존재하며 적분이 가능하여 정적분 $\int_a^b f(x)\,dx$ 가 존재한다.

<정리 4.1.1>의 증명은 거의 모든 해석학 교재에 나와 있으며 증명의 방법이 이 책의 범위를 넘어서므로 생략하도록 한다. 그러나 매우 유용한 정리이므로 이 책에서는 증명 없이 사용할 것이다.

〈연습문제〉

1. <정리 4.1.1>에서 부분 연속인 함수는 적분이 가능하다고 하였다. 이는 적분이 가능하기에 부분 연속이 충분조건이라는 것이다. 그러면 부분 연속이 필요조건도 되겠는가? 즉 부분 연속이 아니면서 적분이 가능한 함수가 있겠는가?

2. 정적분의 성질

정적분을 리만합의 극한으로 정의하였고 리만합을 택할 때 주어진 구간을 $a=x_0<x_1<\cdots<x_{n-1}<x_n=b$ 로 하였고 따라서 $\Delta_i=x_i-x_{i-1}$ 은 양수가 되었다. 하지만 적분의 방향을 거꾸로 하여 $b=x_0>x_1>\cdots>x_{n-1}>x_n=a$ 로 한다면 리만합에서 $\Delta_i=x_i-x_{i-1}$ 는 부호가 바뀌게 된다. 따라서 리만합의 극한인 적분의 값도 부호가 바뀌게 될 것이다. 그리고 $a=b$ 인 경우에는 부분구간의 길이가 0이 되므로 모든 Δ_i 의 값은 0이고 따라서 리만합이 항상 0이 되어 리만합의 극한인 적분값도 0이 된다. 따라서 다음과 같은 사실을 알 수 있다.

[정리 4.2.1]

(a) $\displaystyle\int_b^a f(x)\,dx = -\int_a^b f(x)\,dx$

(b) $\displaystyle\int_a^a f(x)\,dx = 0$

다음의 적분의 기본 성질들도 적분의 정의로부터 쉽게 보일 수 있다.

[정리 4.2.2]

$f(x)$ 와 $g(x)$ 가 구간 $[a,b]$ 에서 적분이 가능하면 다음과 같은 규칙들이 성립한다.

(a) $\int_a^b cf(x)\,dx = c\int_a^b f(x)\,dx$, c 는 상수

(b) $\int_a^b (\, f(x) \pm g(x)\,)\,dx = \int_a^b f(x)\,dx \pm \int_a^b f(x)\,dx$

(c) $\int_a^b f(x)\,dx + \int_b^c f(x)\,dx = \int_a^c f(x)\,dx$

(d) $M = \min_{a \le x \le b} f(x)$, $m = \min_{a \le x \le b} f(x)$ 라 하면

$$m(b-a) \le \int_a^b f(x)\,dx \le M(b-a)$$

(e) $[a,b]$ 상에서 $f(x) \ge g(x)$ 이면 $\int_a^b f(x)\,dx \ge \int_a^b g(x)\,dx$

(f) $|\int_a^b f(x)\,dx| \le \int_a^b |f(x)|\,dx.$

〈증명〉

(d) $f(x)$ 는 모든 점에서 $M = \min_{a \le x \le b} f(x)$ 보다 작거나 같고 $m = \min_{a \le x \le b} f(x)$ 보다는 크거나 같으므로,

$$\begin{aligned} m(b-a) &= m \cdot \sum_{i=1}^{n} \Delta_i \\ &= \sum_{i=1}^{n} m \cdot \Delta_i \\ &\le \sum_{i=1}^{n} f(x_i^*)\Delta_i \\ &\le \sum_{i=1}^{n} M \cdot \Delta_i \\ &= M \cdot \sum_{i=1}^{n} \Delta_i \\ &= M(b-a) \end{aligned}$$

이다. 따라서 모든 리만합이 $m(b-a)$ 보다는 크고 $M(b-a)$ 보다는 작으므

로 리만합의 극한인 $\int_a^b f(x)\,dx$ 또한

$$m(b-a) \le \int_a^b f(x)\,dx \le M(b-a)$$

가 된다.

적분의 정의에서 보면 $f(x)$ 가 양수 함수인 경우, 리만합이란 작은 부분구간을 밑변으로 하고 그 구간 내의 한 점에서의 함숫값을 높이로 하는 직사각형의 넓이의 합이란 것을 알 수 있다. 따라서 구간의 길이가 상당히 작다면 리만합은 적분을 수행하는 구간 내에서 $y=f(x)$ 의 그래프와 x 축 사이의 면적의 근삿값이 될 것이다. 이 리만합에 의한 근삿값과 면적과의 차이는 부분구간의 길이가 작아질수록 더 줄어들고 궁극적으로 부분구간의 길이가 0에 수렴하게 되면 0으로 수렴하게 된다. 그런데 리만합의 구간의 길이가 0으로 수렴하게 하는 극한값으로 정적분을 정의하므로 $f(x)$ 가 양수 함수이면 정적분의 값과 면적이 일치하게 된다. 따라서, 다음의 정리가 성립한다.

[정리 4.2.3] 정적분과 면적

$[a,b]$ 에서 $f(x) \ge 0$ 이고,

$a \le x \le b$ 에서 $y=f(x)$ 의 그래프와 x 축 사이의 면적을 A 라 하면

$$A = \int_a^b f(x)\,dx$$

이다.

<연습문제>

1. 다음 정적분의 값을 면적을 사용하여 구하라.

(a) $\int_a^b c\,dx$ (c 는 상수)　　　(b) $\int_0^4 x\,dx$

(b) $\int_{-1}^{2} (2x-1)\, dx$ (c) $\int_{0}^{1} \sqrt{1-x^2}\, dx$

2. $\int_{0}^{1} \sqrt{1+\sin x}\, dx \le \frac{3}{2}$ 임을 보이라.

3. $\frac{1}{2} \le \int_{1}^{2} \frac{1}{x}\, dx \le 1$ 임을 보이라.

4. $\frac{3}{5} \le \int_{0}^{2} \frac{1}{1-x^2}\, dx \le 1$ 임을 보이라.

5. <정리 4.2.3> (a)-(c),(e),(f)를 증명하라.

3. 적분의 평균값의 정리와 미적분의 기본정리

미분과 적분의 관계는 미적분의 기본정리로써 주어진다. 뉴턴(I. Newton)과 라이프니츠(G. W. Leibniz)는 미적분의 기본정리를 사용하여 수학의 큰 발전을 이룩하기 시작하였고 이는 그 후 200년이 넘게 과학의 혁명적인 발전에 근간을 되었다.

미적분의 기본정리를 증명하기에 앞서 중간값의 정리와 적분의 평균값의 정리에 대하여 먼저 생각하기로 한다.

[정리 4.3.1] 중간값의 정리(Intermediate value theorem)

함수 $f(x)$가 폐구간 $[a,b]$에서 연속이고 N이 $f(a)$와 $f(b)$ 사이의 실수이면 $f(c)=N$이 되는 점 c가 구간 $[a,b]$ 안에 존재한다.

중간값의 정리를 증명하기 위해서는 실수 체계의 완전성에 대한 사실들을 이용해야 하는데 이는 이 책의 범위를 넘어서므로 증명을 생략하기로 한다. 중간값의 정리를 이용하여 다음의 적분의 평균값의 정리를 증명할 수 있다.

> **[정리 4.3.2] 적분의 평균값의 정리(Mean value theorem of integrals)**
> 함수 $f(x)$ 가 폐구간 $[a,b]$에서 연속이면,
>
> $$f(c)=\frac{1}{b-a}\int_a^b f(x)\,dx$$
>
> 인 점 c가 구간 $[a,b]$ 안에 존재한다.

[증명]

<정리 4.2.2>의 (d)에 의하여

$$M=\min_{a\le x\le b}f(x),\ \ m=\min_{a\le x\le b}f(x)$$

라 하면,

$$m(b-a)\le\int_a^b f(x)\,dx\le M(b-a)$$

이 된다.

따라서 $m\le\frac{1}{b-a}\int_a^b f(x)\,dx\le M$ 이므로 중간값의 정리에 의하여

$$f(c)=\frac{1}{b-a}\int_a^b f(x)\,dx$$

인 점 c가 구간 $[a,b]$ 안에 존재한다.

다음으로 미분과 적분의 관계를 나타내는 미적분의 기본정리를 증명하도록 한다.

[정리 4.3.3] 미적분의 기본정리 I(The Fundamental Theorem of Calculus I)

$f(x)$ 가 연속함수이면 $F(x) = \int_a^x f(t)\,dt$ 는 연속함수이고 미분 가능하며

$$\frac{dF(x)}{dx} = \frac{d}{dx}\int_a^x f(t)\,dt = f(x)$$

이다.

[증명]

$F(x) = \int_a^x f(t)\,dt$ 라 놓으면

$$\begin{aligned}\frac{d}{dx}\int_a^x f(t)\,dt = \frac{dF(x)}{dx} &= \lim_{h\to0}\frac{F(x+h)-F(x)}{h}\\ &= \lim_{h\to0}\frac{\int_a^{x+h} f(t)\,dt - \int_a^x f(t)\,dt}{h}\\ &= \lim_{h\to0}\frac{1}{h}\int_x^{x+h} f(t)\,dt\end{aligned}$$ 이다.

적분의 평균치 정리에 의하여 $f(c) = \frac{1}{h}\int_x^{x+h} f(t)\,dt$ 인 c 가 $[x, x+h]$ 사이에 존재하므로 $h\to0$ 이면 $c\to x$ 이다. 따라서

$$\lim_{h\to0}\frac{1}{h}\int_x^{x+h} f(t)\,dt = \lim_{h\to0} f(c) = f(x)$$

이고

$$\frac{d}{dx}\int_a^x f(t)\,dt = f(x)$$

이다.

〈예〉

(a) $\frac{d}{dx}\int_0^x \frac{1}{1+t^2+t^4}\,dt = \frac{1}{1+x^2+x^4}$

(b) $\frac{d}{dx}\int_1^x \sin t \; dt = \sin x$

(c) $\frac{d}{dx}\int_1^{x^2} \sin t \; dt = 2x \sin x^2$

예 (c)에서는 Chain Rule 을 사용하였다.

다음으로 정적분의 값을 구하는 데 무척 유용한 기본정리를 증명하도록 한다.

[정리 4.3.4] 미적분의 기본정리 II
(The Fundamental Theorem of Calculus II)

함수 $f(x)$ 가 폐구간 $[a,b]$에서 연속이고 $F(x)$ 는 $\frac{dF(x)}{dx} = f(x)$ 가 되는 임의의 함수라면

$$\int_a^b f(x)\,dx = F(b) - F(a)$$

이다.

[증명]

$H(x) = \int_a^x f(t)\,dt$ 라고 정의하면 <정리 3.3.1>에 의하여 $\frac{dH(x)}{dx} = f(x)$ 이다. 따라서 $F(x)$ 가 미분하여 $f(x)$ 가 되는 임의의 함수이면 <정리 2.4.4>에 의하여 $F(x) = G(x) + C$가 되는 상수 C가 존재한다. 따라서,

$$\begin{aligned} F(b) - F(a) &= (H(b) + C) - (H(a) + C) \\ &= H(b) - H(a) \\ &= \int_a^b f(x)\,dx - \int_a^a f(x)\,dx \\ &= \int_a^b f(x)\,dx - 0 \\ &= \int_a^b f(x)\,dx \end{aligned}$$

이다.

〈예제〉 다음 정적분의 값을 구하라.

(a) $\int_0^2 \frac{x^2}{2}\,dx$　　(b) $\int_{\frac{1}{2}}^{\frac{\sqrt{3}}{2}} \frac{1}{\sqrt{1-x^2}}\,dx$

(c) $\int_0^{\pi} \sin t\,dt$　　(d) $\int_1^2 \frac{1}{\sqrt{x}}\,dx$

[풀이]

(b) $\frac{d\sin^{-1}x}{dx} = \frac{1}{\sqrt{1-x^2}}$ 이므로

$$\int_{\frac{1}{2}}^{\frac{\sqrt{3}}{2}} \frac{1}{\sqrt{1-x^2}}\,dx = \sin^{-1}\frac{\sqrt{3}}{2} - \sin^{-1}\frac{1}{2} = \frac{\pi}{3} - \frac{\pi}{6} = \frac{\pi}{6}$$

이다.

(a), (c), (d) 도 유사하게 계산할 수 있다.

〈예제〉

x 축과 $y = x^2 - x - 2$ 로 둘러싸인 부분의 면적을 구하라.

[풀이]

$y = x^2 - x - 2$ 의 x 과의 교점은 $x = -1$ 과 $x = 2$ 에서 있고 $[-1, 2]$ 에서 $x^2 - x - 2 < 0$ 이므로 면적은

$$\int_{-1}^{2} |x^2 - x - 2|\,dx = \frac{1}{2}$$

이다.

〈연습문제 〉

1. 다항식 $4x^3-6x^2+3x-2$ 은 폐구간 $[1,2]$ 안에 근을 가짐을 보이라.

2. 다음 식을 계산하라.

(a) $\dfrac{d}{dx}\displaystyle\int_{x^2+2x+2}^{2} \sin t\, dt$ (b) $\dfrac{d}{dx}\displaystyle\int_{\cos x}^{x^2+5} \sin t\, dt$

(c) $\dfrac{d}{dx}\displaystyle\int_{\sqrt{x}}^{0} \sin(t^2)\, dt$ (d) $\dfrac{d}{dx}\displaystyle\int_{0}^{\sin^{-1}x} \cos t\, dt$

3. 다음 정적분 값을 구하라.

(a) $\displaystyle\int_0^1 \frac{1}{(t+2)^3}dt$ (b) $\displaystyle\int_1^2\left(3t+\frac{4}{t^2}\right)dt$

(c) $\displaystyle\int_0^{\pi} \sin x\, dx$ (d) $\displaystyle\int_0^{\frac{\pi}{4}} \sec^2 x\, dx$

4. 다음 등식이 성립함을 보이라.

(a) $\displaystyle\int_{-L}^{L} \cos\frac{m\pi x}{L}cos\frac{n\pi x}{L}\, dx=\begin{cases}0, & m\neq n\\ L, & m=n\end{cases}$ m, n 은 자연수.

(b) $\displaystyle\int_{-L}^{L} \cos\frac{m\pi x}{L}sin\frac{n\pi x}{L}\, dx=0,$ m, n 은 자연수.

(c) $\displaystyle\int_{-L}^{L} \sin\frac{m\pi x}{L}sin\frac{n\pi x}{L}\, dx=\begin{cases}0, & m\neq n\\ L, & m=n\end{cases}$ m, n 은 자연수.

5. f의 그래프와 x축 사이의 면적을 구하라.

(a) $f(x)=x^2-4,\ x\in[1,2]$

(b) $f(x)=\sin x,\ x\in\left[\frac{\pi}{3},\frac{\pi}{2}\right]$

6. 주어진 곡선으로 둘러싸인 부분의 면적을 구하라.

(a) $y=\sqrt{x},\ y=x^2$

(b) $y=x,\ y=\sin x,\ x=\pi/2$

4. 여러 가지 적분법

[정의 4.4.1] 부정적분

미분하여 함수 $f(x)$ 가 되는 함수를 $f(x)$ 의 원시함수(Antiderivative) 또는 부정적분이라 하고 부정적분이라 할 때

$$\int f(x)\,dx$$

로 표기한다.

〈예〉

x^3 을 미분하면 $3x^2$ 이므로 $\int 3x^2 dx = x^3 + C$, C는 상수이다. 여기서 C는 <정리 2.4.4>에 따라 있어야 하는 상수로서 적분상수라고 한다.

[정리 4.4.1] 부정적분의 기본성질

$$\int cf(x)\,dx = c\int f(x)\,dx\ ,$$

$$\int (f(x) \pm g(x))\,dx = \int f(x)\,dx \pm \int g(x)\,dx$$

$$\int x^n dx = \frac{x^{n+1}}{n+1} + C\ (\text{단 } n \neq -1)$$

[증명]

도함수의 성질에서

$$(cf(x))' = cf'(x)\ ,\ (f(x) \pm g(x))' = f'(x) \pm g'(x)\ ,\ \frac{dx^{n+1}}{dx} = x^n$$

이므로 위의 부정적분의 기본성질은 성립한다.

$$\int x^n dx = \frac{x^{n+1}}{n+1} + C$$

〈예제〉 다음에서 $\int f(x)\,dx$ 를 구하라.

(a) $\int \sqrt{3x}\,dx$　　　(b) $\int x\sqrt{x}\,dx$

(c) $\int (\cos x + x)\,dx$　　　(d) $\int \frac{x^3-1}{x-1}\,dx$

부정적분은 미분의 역작용이므로 다음과 같은 법칙이 성립한다.

> **[정리 4.4.2]**
> (a) $u=g(x)$ 가 미분 가능한 함수일 때 $\int f(g(x))g'(x)\,dx = \int f(u)\,du$ 이다.
> (b) $\int u'(x)v(x)\,dx = u(x)v(x) - \int u(x)v'(x)\,dx$ 이다.

[증명]

(a)는 Chain Rule 에 기인하고 치환적분(Substitution)이라 한다.
(b)는 $(uv)' = u'v + uv'$ 으로부터 알 수 있고 부분적분(Integration by part)이라 한다.

〈예제〉 $\int \cos(3x+4)\,dx$ 를 구하라.

[풀이]

<정리 4.4.2> (a)를 적용하면,

$$\begin{aligned}\int \cos(3x+4)\,dx &= \int \cos u \cdot \frac{1}{3}\,du\,,\quad u=3x+4\\ &= \frac{1}{3}\int \cos u\,du\\ &= \frac{1}{3}\sin u + C\\ &= \frac{1}{3}\sin(3x+4) + C\,.\end{aligned}$$

<예제> $\int x \sin x \, dx$ **를 구하라.**

[풀이]

<정리 4.4.2> (b) 에서 $u' = \sin x$, $v = x$ 라 놓으면,

$$\begin{aligned}\int x \sin x \, dx &= -x\cos x - \int 1 \cdot (-\cos x)\, dx \\ &= -x\cos x + \int \cos x \, dx \\ &= -x\cos x + \sin x + C\end{aligned}$$

이다.

<정리 4.4.2>를 정적분에서도 치환적분과 부분적분으로 사용할 수 있다.

[정리 4.4.3]

(a) $g'(x)$ 가 $[a, b]$ 에서 연속이고 $f(x)$ 가 $g(x)$ 의 치역에서 연속이면,

$$\int_a^b f(g(x))g'(x)\, dx = \int_{g(a)}^{g(b)} f(u)\, du$$

이다. (치환적분)

(b) $u(x), v(x), u'(x), v'(x)$ 가 $[a, b]$ 에서 연속이면,

$$\int_a^b u'(x)v(x)\, dx = [u(b)v(b) - u(a)v(a)] - \int_a^b u(x)v'(x)\, dx$$

이다. (부분적분)

<예제> $\int_0^{\sqrt{\pi}} x \sin x^2 \, dx$ **의 값을 구하라.**

[풀이]

$$\int_0^{\sqrt{\pi}} x \sin x^2 \, dx = \frac{1}{2}\int_0^{\sqrt{\pi}} 2x \sin x^2 \, dx$$

이고

$$\frac{dx^2}{dx} = 2x$$

이므로, <정리 4.4.3.> (a)에 의하여

$$\begin{aligned}\int_0^{\sqrt{\pi}} x\sin x^2 dx &= \frac{1}{2}\int_0^{\sqrt{\pi}} 2x\sin x^2 dx \\ &= \int_0^{\pi} \sin u\, du \\ &= -\cos\pi + \cos 0 = 2\end{aligned}$$

이다.

〈예제〉 $\int_0^{\frac{\pi}{4}} x\sin x\, dx$ 를 계산하라.

[풀이]

<정리 4.4.3> (b)에서

$$u'(x) = \sin x,\ v(x) = x$$

로 놓으면

$$\begin{aligned}\int_0^{\frac{\pi}{4}} x\sin x\, dx &= \frac{\pi}{4}\cdot(-\cos\frac{\pi}{4})a - 0\cdot(-\cos 0) - \int_0^{\frac{\pi}{4}}(-\cos x)\, dx \\ &= -\frac{\sqrt{2}\,\pi}{8} + \int_0^{\frac{\pi}{4}} \cos x dx \\ &= \frac{\sqrt{2}}{8}(4-\pi)\end{aligned}$$

이다.

〈예제〉 $f(x)$ 가 연속함수이고 $a>0$ 일 때 $I = \int_0^a \frac{f(x)}{f(x)+f(a-x)}\, dx$ 의 값을 구하라.

[풀이]

$u = a - x$ 라 놓으면 <정리 4.4.3> (a)에 의하여

$$I=\int_0^a \frac{f(x)}{f(x)+f(a-x)}\,dx = \int_a^0 \frac{f(a-u)}{f(a-u)+f(u)}\cdot(-1)\,du$$
$$= \int_0^a \frac{f(a-x)}{f(a-x)+f(x)}\,dx$$

$$I+I= \int_0^a \frac{f(x)}{f(x)+f(a-x)}\,dx + \int_0^a \frac{f(a-x)}{f(a-x)+f(x)}\,dx$$
$$= \int_0^a \frac{f(x)+f(a-x)}{f(x)+f(a-x)}\,dx = \int_0^a 1\,dx$$
$$= a$$

이다. 따라서 $2I=a$ 이므로 $I=\frac{a}{2}$ 이다.

〈연습문제〉

1. 다음 부정적분을 구하라.

(a) $\int \cos^3 x \sin x\,dx$ (b) $\int \frac{x^2}{\sqrt{1-x^3}}\,dx$

(c) $\int \frac{\tan^{-1}x}{1+x^2}\,dx$ (d) $\int x\cos x\,dx$

(e) $\int x^2 \cos x\,dx$ (f) $\int \sin^{-1}x\,dx$

(g) $\int \tan^{-1}\sqrt{x}\,dx$

2. 다음 식을 증명하라.

$$\int \sin^n x\,dx = \frac{1}{n} sin^{n-1}x\cos x + \frac{n-1}{n}\int \sin^{n-2}x dx, \quad n>0.$$

3. 다음 적분값을 구하라.

(a) $\int_0^1 \frac{x^3}{\sqrt{x^4+9}}\,dx$ (b) $\int_0^{2\pi} \frac{\cos t}{\sqrt{4+3\sin t}}\,dt$

(c) $\int_0^{1/2} (\sin^{-1}x)^2 dx$ (d) $\int_{\frac{\pi}{6}}^{\frac{\pi}{3}} \frac{\sin x \cos x}{1-\cos x} dx$

(e) $\int_1^{\frac{3}{2}} \frac{1}{x^2\sqrt{4-x^2}} dx$

5. 로그함수(Natural logarithm function)

이 섹션에서는 자연로그함수(이하 로그함수)를 정적분을 사용하여 수학적으로 엄밀하게 정의하고 그 성질들에 대하여 조사한다.

$f(x)=\frac{1}{x}$ 는 $x>0$ 에서 연속함수이므로 $\ln x = \int_1^x \frac{1}{t} dt$ 는 모든 양수 x 에 대하여 적분값이 존재하므로 다음과 같이 로그함수를 정의할 수 있다.

[정의 4.5.1] 로그함수(Natural log function)

$x>0$ 에 대하여 $\ln x = \int_1^x \frac{1}{t} dt$ 로 정의한다.

〈예제〉

$\ln 2 = \int_1^2 \frac{1}{t} dt$, $\ln\frac{1}{2} = \int_1^{\frac{1}{2}} \frac{1}{t} dt$ 이다.

위의 정의로부터 로그함수에 대한 간단한 성질을 도출할 수 있다.

(1) 모든 $x>0$ 에 대하여 $(\ln x)' = \frac{1}{x} > 0$ 이므로 $\ln x$ 는 연속함수이고

또한 증가함수이다.

(2) $\ln 1 = \int_1^1 \frac{1}{t}\,dt = 0$ 이므로 $\ln 1 = 0$ 이다.

(3) $\frac{1}{t}$ 는 양의 실수에 대하여 양수함수이므로 $x > 1$ 이면 $\ln x = \int_1^x \frac{1}{t}\,dt$ 는 1 부터 x 까지 $y = \frac{1}{t}$ 의 그래프와 t 축 사이의 면적과 같으므로 $x > 1$ 이면 $\ln x > 0$ 이다.

(4) $0 < x < 1$ 이면 $\ln x = \int_1^x \frac{1}{t}\,dt = -\int_x^1 \frac{1}{t}\,dt$ 이고 $\int_x^1 \frac{1}{t}\,dt$ 은 $x(< 1)$ 부터 1 까지 $y = \frac{1}{t}$ 의 그래프와 t 축 사이의 면적과 같으므로 $0 < x < 1$ 이면 $\ln x < 0$ 이다.

다음으로 $\ln x$ 함수의 대수적인 성질에 대하여 알아보도록 하자.
$x > 0,\ y > 0$ 일 때

$$\ln xy = \int_1^{xy} \frac{1}{t}\,dt = \int_1^x \frac{1}{t}\,dt + \int_x^{xy} \frac{1}{t}\,dt$$

이다. 그런데 $t = xu$ 로 놓으면 정적분의 치환적분에 의하여

$$\int_x^{xy} \frac{1}{t}\,dt = \int_1^y \frac{1}{xu}\,x\,du = \int_1^y \frac{1}{u}\,du$$

이므로,

$$\begin{aligned}\ln xy &= \int_1^x \frac{1}{t}\,dt + \int_1^y \frac{1}{u}\,du \\ &= \ln x + \ln y\end{aligned}$$

가 된다. 특히 $y = x$ 인 경우를 생각하면,

$$\ln x^2 = \ln(x \cdot x) = \ln x + \ln x$$

가 되어,

$$\ln x^2 = 2\ln x$$

이다. 또한

$$\ln x^3 = \ln(x^2 \cdot x) = \ln x^2 + \ln x = 2\ln x + \ln x = 3\ln x$$

가 되고 일반적으로 n 이 자연수이면

$$\ln x^n = n \ln x$$

이다. 그리고

$$0 = \ln 1 = \ln (x \cdot \frac{1}{x}) = \ln x + \ln \frac{1}{x}$$

이므로

$$\ln \frac{1}{x} = -\ln x$$

이다. 또한,

$$\ln \frac{y}{x} = \ln(y \cdot \frac{1}{x}) = \ln y + \ln \frac{1}{x} = \ln y - \ln x$$

$$\ln x^{-n} = \ln (\frac{1}{x})^n = n \ln \frac{1}{x} = -n \ln x$$

이 된다. 그리고

유리수 $q = \frac{n}{m}$, m, n 은 정수, 에 대하여

$$n \ln x = \ln x^n = \ln (x^q)^m = m \ln x^q$$

이므로

$$\ln x^q = \frac{n}{m} ln\, x = q \ln x$$

이 된다.

따라서 요약하면 다음의 정리가 성립한다.

[정리 4.5.1]

(a) $x > 0, y > 0$ 인 x, y 에 대하여 $\ln xy = \ln x + \ln y$ 이다.

(b) $x > 0, y > 0$ 인 x, y 에 대하여 $\ln \frac{y}{x} = \ln y - \ln x$ 이다.

(c) $x > 0$ 일 때 $\ln x^q = q \ln x$ 이다. (q 는 유리수)

$\ln 2 = \int_1^2 \frac{1}{t} dt$ 이므로 $\ln 2 > 0$ 이고 <정리 4.5.2>에 의하여 $\ln 2^n = n \ln 2$ 이므로

$$\lim_{n \to \infty} \ln 2^n = \lim_{n \to \infty} n \ln 2 = \infty$$

이고 따라서

$$\lim_{x \to \infty} \ln x = \infty$$

이다. 즉 x 가 무한대로 발산하면 $\ln x$ 도 무한대로 발산한다.

그리고 $\ln \frac{1}{2} = -\ln 2 < 0$ 이고 $\ln (\frac{1}{2})^n = n \ln \frac{1}{2}$ 이므로

$$\lim_{n \to \infty} \ln (\frac{1}{2})^n = \lim_{n \to \infty} n \ln \frac{1}{2} = -\infty$$

이고 따라서

$$\lim_{x \to 0} \ln x = -\infty$$

이다. 즉 x 가 0으로 수렴해 감에 따라 $\ln x$ 는 마이너스 무한대로 발산한다.

[정리 4.5.2]

$\ln x$ 는 모든 실수 값을 취하는 증가함수이다.

<정리 4.5.2>에 의하여 $\ln x$ 는 모든 실수를 치역으로 가지는 함수이므로 $\ln x$ 의 값이 1이 되는 수가 존재한다. 이 수를 e 라고 정의한다.

[정의 4.5.2]

$\ln x$ 의 값이 1이 되는 x 를 e 라고 정의한다. 즉

$$\ln e = \int_1^e \frac{1}{t} dt = 1$$

이다.

$f(x) = x - \ln x$ 는 $0 < x < 1$ 에서는 $\ln x$ 값이 음수이므로 양의 값을 갖는다.

$x \geq 1$ 에서는

$$f(1)=1,\ f'(x)=1-\frac{1}{x}>0$$

이므로 최솟값이 1인 $f(x)$ 증가함수이고 따라서 양의 값을 갖는다. 그러므로 $f(x)$ 는 $x>0$ 에서 양수함수이고 따라서 모든 $x>0$ 에 대하여 $x>\ln x$ 가 됨을 알 수 있다. 즉 $y=\ln x$의 그래프는 $y=x$의 그래프 아래에 놓여 있다. 그리고 $(\ln x)''=((\ln x)')'=(\frac{1}{x})'=-\frac{1}{x^2}<0$ 이므로 $\ln x$ 의 미분은 감소하기 때문에 각 점에서의 접선의 기울기는 x 가 커짐에 따라 감소하게 된다. 따라서 그래프는 아래와 같은 모양이 된다.

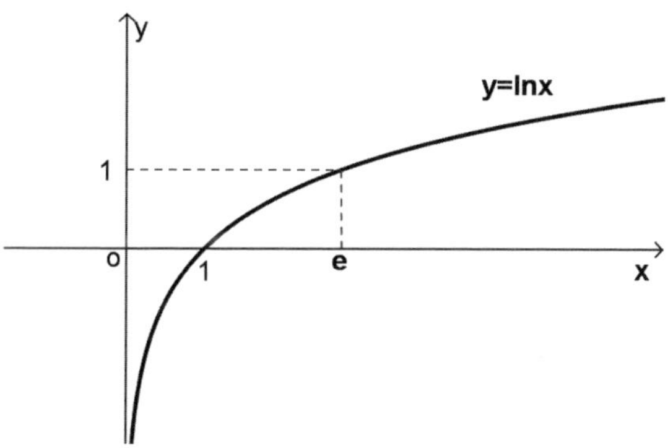

그림 4.5.1 $y=\ln x$ 의 그래프

일반 계산에서 사용하는 $\log_a b\ (a,b>0)$ 에 대하여는 다음과 같이 정의한다.

[정의 4.5.3]

$a>0,\ b>0$ 에 대하여

$$\log_a b = \frac{\ln b}{\ln a}$$

로 정의한다.

〈연습문제〉

1. 다음 계산을 수행하라.

(a) $\dfrac{d}{dx}\ln(3x+1),\ x>-\dfrac{1}{3}$ (b) $\displaystyle\int_2^3 \frac{1}{x}\,dx$

(c) $\displaystyle\int \frac{\ln x}{x}\,dx,\ x>0$

2. 제1사분면에 놓여 있고 두 곡선 $x+2y-7=0,\ xy=1$로 둘러싸인 면적을 구하라.

3. 다음 함수의 n계 도함수를 구하라.

(a) $\dfrac{d^n}{dx^n}[\ln(1+x)]$.

(b) $\dfrac{d^n}{dx^n}\left(\ln\dfrac{1}{x}\right)$.

4. $\displaystyle\lim_{x\to 0^+} x\ln x = 0$을 증명하라.

(힌트 : $\displaystyle\ln x=\int_1^x \frac{dt}{t}<\int_1^x \frac{dt}{\sqrt{t}},\ x>1$ 이다.)

5. $a>0, b>0, c>0$ 에 대하여

$$\log_a bc = \log_a b+\log_a c$$

임을 보이라.

6. $a>0, x>0$ 에 대하여 $\dfrac{d\log_a x}{dx}$ 를 구하라.

6. 지수함수(Exponential function)

이 섹션에서는 전 섹션에서 정의한 로그함수의 역함수로서 지수함수를 정의하고 그 성질을 설명하도록 한다.

이전 섹션에서 보았듯이 함수 $\ln x$ 는 증가함수이고 따라서 1-1함수이므로 역함수가 존재한다. 그 $\ln x$ 의 역함수를 e^x 혹은 $\exp x$ 라고 정의한다.

[정의 4.6.1]

모든 실수 x 에 대하여 $e^x = \ln^{-1} x = \exp x$ 이다.

역함수의 그래프는 원래 함수의 그래프와 $y = x$ 에 대하여 대칭이 되므로 $y = e^x$ 의 그래프는 아래와 같다.

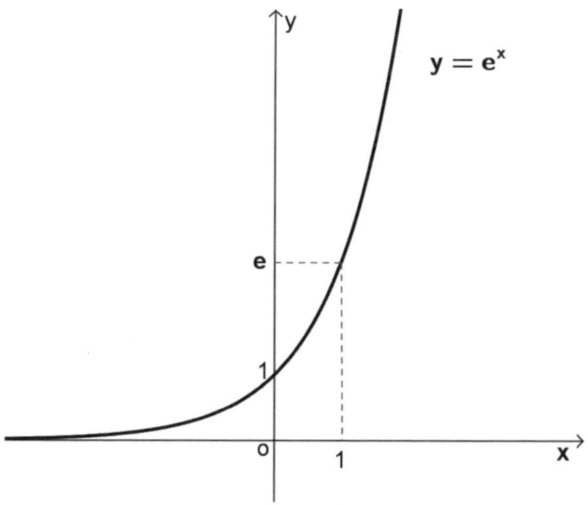

그림 4.6.1 $y = e^x$ 의 그래프

$\ln x$ 의 역함수로 e^x 를 정의하였으므로 다음의 관계식이 성립한다.

[정리 4.6.1]

(a) $e^0 = 1$, $e^{\ln x} = x \ (x > 0)$, $\ln(e^x) = x$ (모든 x)

(b) $\dfrac{de^x}{dx} = e^x$

[증명]

(a) e^x 의 정의로부터 알 수 있다.

(b) $\ln(e^x) = x$ 의 양변을 미분하면

$$\frac{1}{e^x}(e^x)' = 1$$

이므로

$$\frac{de^x}{dx} = e^x \quad \text{이다.}$$

<그림4.6.1>에서 볼 수 있듯이 e^x 는 항상 0보다 큰 증가함수이고

$$\lim_{x\to\infty} e^x = \infty, \lim_{x\to-\infty} e^x = 0$$

이다.

다음으로 e^x 의 대수적 성질을 살펴보도록 하자.

$$\begin{aligned}\ln(e^x \cdot e^y) &= \ln(e^x) + \ln(e^y) \\ &= x + y \\ &= \ln(e^{x+y})\end{aligned}$$

이므로

$$e^{x+y} = e^x e^y$$

가 된다. 그리고,

$$1 = e^0 = e^{x-x} = e^{x+(-x)} = e^x e^{-x}$$

가 되므로

$$e^{-x} = \frac{1}{e^x}$$

이다. 또한,

$$e^{x-y} = e^{x+(-y)} = e^x e^{-y} = \frac{e^x}{e^y}$$

가 된다. 그리고 유리수 q 에 대하여,

$$\ln(e^x)^q = q\ln(e^x) = q\,x$$

이므로

$$(e^x)^q = e^{qx}$$

가 성립한다.

이 성질들을 요약하면 다음과 같다.

[정리 4.6.2]

$$\lim_{x\to\infty} e^x = \infty, \lim_{x\to-\infty} e^x = 0$$

$$\frac{de^x}{dx} = e^x, \quad e^{x+y} = e^x e^y, \quad e^{-x} = \frac{1}{e^x}, \quad e^{x-y} = \frac{e^x}{e^y}$$

유리수 q 에 대하여, $(e^x)^q = e^{qx}$

숫자 e 는 <정의 4.5.2>에서 $\ln e = \int_1^e \frac{1}{t}\,dt = 1$ 로서 정의하였다. 다음에서는 e 를 수열의 극한으로 나타내는 법을 생각해 본다.

임의의 자연수 n 에 대하여,

$$\ln(1+\frac{1}{n}) = \int_1^{1+\frac{1}{n}} \frac{1}{t}\,dt \le \int_1^{1+\frac{1}{n}} 1\,dt = \frac{1}{n}$$

이고

$$\ln(1+\frac{1}{n}) = \int_1^{1+\frac{1}{n}} \frac{1}{t}\,dt \ge \int_1^{1+\frac{1}{n}} (1+\frac{1}{n})\,dt = \frac{1}{n+1}$$

이므로

$$e^{\frac{1}{n}} \geq 1+\frac{1}{n} \text{ 이고 } e^{\frac{1}{n+1}} \leq 1+\frac{1}{n} \text{ 이 되고}$$

따라서

$$(1+\frac{1}{n})^n \leq e \leq (1+\frac{1}{n})^{n+1}$$

이다.

$\lim_{n\to\infty}(1+\frac{1}{n})=1$ 이므로 $\lim_{n\to\infty}(1+\frac{1}{n})^n=\lim_{n\to\infty}(1+\frac{1}{n})^{n+1}$ 이고 따라서 샌드위치 정리에 의하여

$$e=\lim_{n\to\infty}(1+\frac{1}{n})^n$$

이다.

위의 사실을 이용하여 충분히 큰 n 을 택하여 e 의 근사값을 구하면

$e \approx 2.71828182$

임을 알 수 있다.

일반적인 지수함수는 다음과 같이 정의한다.

[정의 4.6.2]

$a>0$ 에 대하여, $a^x = e^{x\ln a}$ 로 정의한다.

〈연습문제〉

1. 다음 적분을 구하라,

(a) $\int \frac{e^{1/x}}{x^2}dx$ (b) $\int \frac{e^x}{\sqrt{e^x+1}}dx$

(c) $\int \frac{\ln\sqrt{x}-1}{x}dx$ (d) $\int_{\ln 2}^{\ln 3}\frac{2e^{-x}}{\sqrt{1-e^{-2x}}}dx$

2. 일차원 운동을 하는 물체의 시각 t에서의 위치 $x(t)=Ae^{ct}+Be^{-ct}$로 나타난다. 이 물체의 가속도는 위치에 비례함을 보이라.

3. 표준분산(standard deviation)이 σ 이고 평균이 0 인 경우 정규분포 곡선은 함수

$$f(x)=\frac{1}{\sigma\sqrt{2\pi}}e^{\frac{-x^2}{2\sigma^2}}$$

로 주어진다.

(a) 이 함수의 최댓값과 변곡점을 구하라.

(b) σ 는 정규분포 곡선의 모양에서 어떤 역할을 하는가?

4. $a>0$ 에 대하여

$$a^{x+y}=a^x a^y\ ,\ a^{-x}=\frac{1}{a^x}\ ,\ a^{x-y}=\frac{a^x}{a^y}$$

임을 보이라.

5. $a>0$ 에 대하여 $\dfrac{da^x}{dx}$ 를 구하라.

7. 쌍곡선 함수

원점을 포함하는 구간에 정의된 함수 $f(x)$ 에 대해서

$$f_1(x)=\frac{f(x)+f(-x)}{2}$$

$$f_2(x)=\frac{f(x)-f(-x)}{2}$$

라 놓으면 $f(-x)=f(x)$, $f_2(-x)=-f_2(x)$ 이고

$$f(x)=f_1(x)+f_2(x)$$

이다. 즉 $f(x)$ 를 우함수(even function)인 $f_1(x)$ 와 기함수(odd function)인 $f_2(x)$ 의 합으로 표시할 수 있다.

지수함수 e^x 를 이와 같이 우함수와 기함수의 합으로 표시하면

$$e^x = \frac{e^x + e^{-x}}{2} + \frac{e^x - e^{-x}}{2}$$

↑ 우함수 ↑ 기함수

가 된다. 이러한 e^x 의 우함수 부분과 기함수 부분은 수학적으로 많이 쓰이므로 따로 명명하여 우함수는 $\cosh x$ (hyperbolic cosine x), 기함수는 $\sinh x$ (hyperbolic sine x)라고 한다. 또한 삼각함수에서와 같이

$$\tanh x = \frac{\sinh x}{\cosh x} = \frac{e^x - e^{-x}}{e^x + e^{-x}}$$

$$\operatorname{sech} x = \frac{1}{\cosh x} = \frac{2}{e^x + e^{-x}}$$

$$\operatorname{csch} x = \frac{1}{\sinh x} = \frac{2}{e^x - e^{-x}}$$

$$\coth x = \frac{1}{\tanh x} = \frac{e^x + e^{-x}}{e^x - e^{-x}}$$

로 정의하고 이들을 쌍곡선 함수(hyperbolic function)라 한다.

[정의 4.7.1] 쌍곡선 함수

$$\cosh x = \frac{e^x + e^{-x}}{2}, \quad \sinh x = \frac{e^x - e^{-x}}{2}, \quad \tanh x = \frac{e^x - e^{-x}}{e^x + e^{-x}}$$

$$\operatorname{sech} x = \frac{1}{\cosh x}, \quad \operatorname{csch} x = \frac{1}{\sinh x}, \quad \coth x = \frac{1}{\tanh x}$$

다음은 쌍곡선 함수들의 성질을 알아보자.

쌍곡선 함수들의 정의로부터

$\cosh(-x) = \cosh x$, $\sinh(-x) = -\sinh x$, $\tanh(-x) = -\tanh x$

$\operatorname{sech}(-x) = \operatorname{sech} x$, $\operatorname{csch}(-x) = -\operatorname{csch} x$, $\coth(-x) = -\coth x$

$\cosh(0) = 1$, $\sinh(0) = 0$, $\tanh(0) = 0$,

그리고 모든 x 에 대하여 $\cosh x > 0$

임을 알 수 있다.

그리고 $x \to \pm\infty$ 에서의 극한값은

$$\lim_{x\to\infty} \cosh x = \lim_{x\to\infty} \frac{e^x + e^{-x}}{2} = \infty,$$

$$\lim_{x\to-\infty} \cosh x = \lim_{x\to-\infty} \frac{e^x + e^{-x}}{2} = \infty,$$

$$\lim_{x\to\infty} \sinh x = \lim_{x\to\infty} \frac{e^x - e^{-x}}{2} = \infty,$$

$$\lim_{x\to-\infty} \sinh x = \lim_{x\to-\infty} \frac{e^x - e^{-x}}{2} = -\infty$$

$$\lim_{x\to\infty} \tanh x = \lim_{x\to\infty} \frac{e^x - e^{-x}}{e^x + e^{-x}} = 1,$$

$$\lim_{x\to-\infty} \tanh x = \lim_{x\to-\infty} \frac{e^x - e^{-x}}{e^x + e^{-x}} = -1$$

이다.

또한

$$\cosh^2 x - \sinh^2 x = \frac{(e^x + e^{-x})^2}{4} + \frac{(e^x - e^{-x})^2}{4} = 1$$

이고 이와 같이 정의에 따라 계산하면,

$$1 - \tanh^2 x = \operatorname{sech}^2 x$$

$$\coth^2 x = 1 + \operatorname{csch}^2 x$$

이 성립한다.

$\cosh^2 x - \sinh^2 x = 1$ 은 이 함수들의 이름을 쌍곡선 함수라고 하게 된 이유를 시사해 준다. $x = \cosh t$, $y = \sinh t$ 라 하면 $x^2 - y^2 = 1$ 이 되고 $x^2 - y^2 = 1$ 의 그래프를 그리면 쌍곡선이 된다. 따라서 $(\cosh t, \sinh t)$ 는 쌍곡선 위의 점의 x 좌표와 y 좌표를 표시하게 된다(그림 4.7.1). 이는 단위원 위의 점의 x 좌표와 y 좌표를 $(\cos\theta, \sin\theta)$로 표시하는 것과 유사하다.

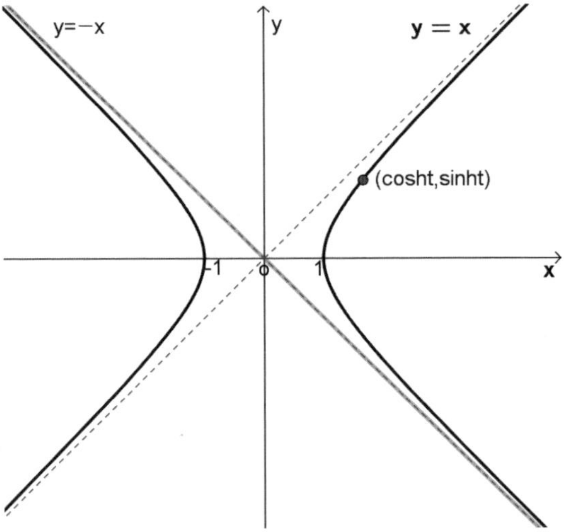

그림 4.7.1

쌍곡선 함수의 정의로부터 쌍곡선 함수들은 다음과 같이 삼각함수들과 유사한 형태의 등식을 성립하는 것을 보일 수 있다.

[쌍곡선 함수의 항등식]

(a) $\sinh 2x = 2\sinh x \cosh x$

(b) $\cosh 2x = \cosh^2 x + \sinh^2 x$

(c) $\sinh(x+y) = \sinh x \cosh y + \cosh x \sinh y$

(d) $\cosh(x+y) = \cosh x \cosh y + \sinh x \cosh y$

[증명]

(a)-(c)는 연습문제로 하고 (d)를 증명한다.

$$\begin{aligned}\cosh x\cosh y+\sinh x\sinh y &= \frac{e^x+e^{-x}}{2}\frac{e^y+e^{-y}}{2}+\frac{e^x-e^{-x}}{2}\frac{e^y-e^{-y}}{2}\\ &= \frac{e^xe^y+e^{-x}e^y+e^xe^{-y}+e^{-x}e^{-y}}{4}+\frac{e^xe^y-e^{-x}e^y-e^xe^{-y}+e^{-x}e^{-y}}{4}\\ &= \frac{2e^xe^y+2e^{-x}e^{-y}}{4}\\ &= \frac{e^{(x+y)}+e^{-(x+y)}}{2}\\ &= \cosh(x+y).\end{aligned}$$

따라서 $\cosh(x+y)=\cosh x\cosh y+\sinh x\cosh y$가 성립한다.

$\cosh x$ 의 도함수는

$$\frac{d(\cosh x)}{dx}=\left(\frac{e^x+e^{-x}}{2}\right)'=\frac{e^x-e^{-x}}{2}=\sinh x$$

이고, 마찬가지로 정의로부터 다른 쌍곡선 함수들의 도함수는

$$\frac{d(\sinh x)}{dx}=\cosh x,\quad \frac{d(\tanh x)}{dx}=\operatorname{sech}^2 x,$$
$$\frac{d(\operatorname{sech} x)}{dx}=-\operatorname{sech} x\tanh x,\quad \frac{d(\operatorname{csch} x)}{dx}=-\operatorname{csch} x\coth x,$$
$$\frac{d(\coth x)}{dx}=-\operatorname{csch}^2 x$$

임을 알 수 있다.

다음은 쌍곡선 함수의 그래프를 그려 보자.

먼저 $\sinh x$ 의 경우,

(i) $\frac{d(\sinh x)}{dx}=\cosh x>0$ 이므로 $\sinh x$ 는 증가함수이고,

(ii) $\sinh(0)=0,\ \lim_{x\to\infty} sinh x=\infty$ 이므로 $x>0$에서 0부터 무한대로 증가한다.

(iii) $\sinh(-x)=-\sinh x$ 이므로 $y=\sinh x$ 의 그래프는 원점에 대하여 대칭이다.

(iv) $\dfrac{d^2(\sinh x)}{dx^2} = (\dfrac{d(\sinh x)}{dx})' = \dfrac{d\cosh x}{dx} = \sinh x$는 $x > 0$ 에서 양이므로 $\sinh x$ 의 도함수가 $x > 0$ 에서 증가하고 그래프가 $x > 0$ 에서 아래로 볼록한 형태를 갖는다.

이들을 종합하면 $y = \sinh x$ 의 그래프는 <그림 4.7.2>와 같다.

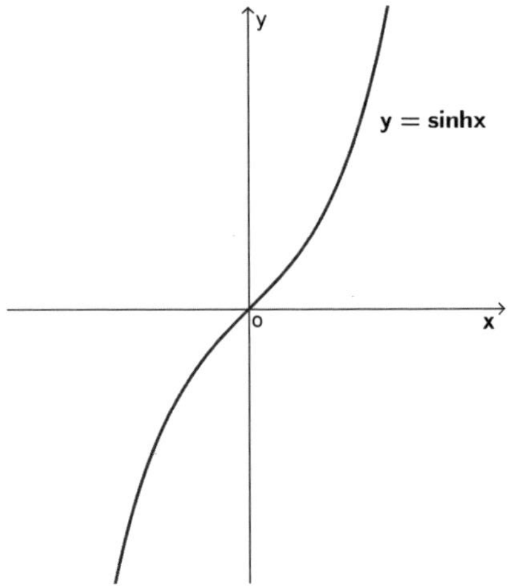

그림 4.7.2 $y = \sinh x$의 그래프

$\cosh x$ 의 경우는

(i) $\cosh(0) = 1$, $\lim_{x \to \infty} \cosh x = \infty$ 이고

(ii) $\dfrac{d\cosh x}{dx} = \sinh x$ 는 $x > 0$ 에서 양이므로 $\cosh x$ 는 $x > 0$ 에서 0 에서 무한대로 증가한다.

(iii) $\cosh(-x) = \cosh x$ 이므로 $y = \cosh x$ 의 그래프는 x 축에 대하여 대칭이다.

(iv) $\dfrac{d^2(\cosh x)}{dx^2} = (\dfrac{d(\cosh x)}{dx})' = \dfrac{d\sinh x}{dx} = \cosh x$는 항상 양이므로 $\cosh x$ 의

도함수가 모든 x 에서 증가하므로 그래프가 실수 전체에서 아래로 볼록한 형태를 갖는다.
따라서 $y = \cosh x$ 의 그래프는 <그림 4.7.3>과 같다.

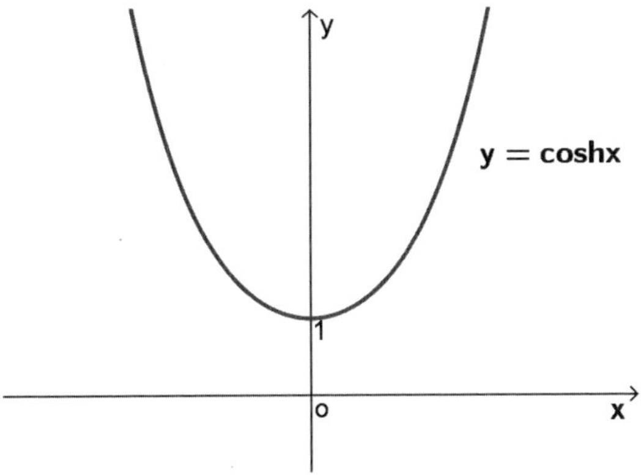

그림 4.7.3 $y = \cosh x$ 의 그래프

$\tanh x$ 의 경우,

(i) $\dfrac{d(\tanh x)}{dx} = \mathrm{sech}^2 x > 0$ 이므로 $\tanh x$ 는 증가함수이고,

(ii) $\tanh(0) = 0,\ \lim\limits_{x \to \infty} tanh x = 1$ 이므로 $x > 0$ 에서 0 부터 1 까지 증가한다.

(iii) $\tanh(-x) = -\tanh x$ 이므로 $y = \tanh x$ 의 그래프는 원점에 대하여 대칭이다.

(iv) $\dfrac{d^2(\tanh x)}{dx^2} = (\dfrac{d(\tanh^2 x)}{dx})' = \dfrac{d\,\mathrm{sech}^2 x}{dx} = -2\mathrm{sech}^2 x \tanh x$ 는 $x > 0$ 에서 음이므로 $\tanh x$ 의 도함수가 $x > 0$ 에서 감소하고 그래프가 $x > 0$ 에서 아래로 볼록한 형태를 갖는다.

따라서 (i) - (iv)를 종합하면 $y = \tanh x$의 그래프는 $y = 1$ 과 $y = -1$ 의 점근선을 갖고 <그림 4.7.4>와 같다.

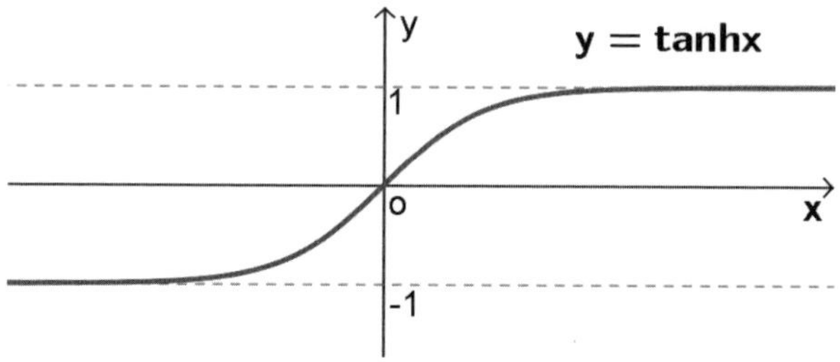

그림 4.7.4 $y=\tanh x$ 의 그래프

〈연습문제〉

1. 다음 등식을 증명하라.

(a) $\sinh 2x = 2\sinh x \cosh x$

(b) $\cosh 2x = \cosh^2 x + \sinh^2 x$

(c) $\sinh(x+y) = \sinh x \cosh y + \cosh x \sinh y$

2. 다음 함수들의 도함수를 구하라.

(a) $y = \sqrt{\cosh 3x}$.

(b) $y = e^x(\cosh x - \sinh x)$

(c) $y = \ln|\tanh 2x|$.

(d) $y = \operatorname{sech}(x^2+3)$.

3. (a) $\tanh^{-1}x$ 를 정의하라.

(b) $\tanh^{-1}x$ 을 다음과 같이 표현할 수도 있음을 보이라.

$$\tanh^{-1}x = \frac{1}{2}\ln\left(\frac{1+x}{1-x}\right), \quad -1 < x < 1.$$

5장. 적분의 응용

적분은 많은 곳에 응용을 할 수 있는 수학적 도구이다. 여기서는 면적과 부피, 곡선의 길이, 회전체의 표면적, 푸리에 급수 등에 대한 적분의 응용에 대하여 살펴보도록 한다.

1. 면적과 거리

면적

$[a,b]$ 에 정의된 연속 함수 $f(x)$, $g(x)$ 를 생각하여 보자.

$f(x) \ge g(x)$ 인 경우 $f(x)-g(x)$ 의 $a=x_0 < x_1 < x_2 <\cdots< x_i <\cdots< x_n = b$ 인 임의의 점 $x_0, x_1, x_2, \cdots, x_n$ 에 대한 리만합,

$$\sum_{i=1}^{n} (f(x_i^*) - g(x_i^*))\triangle_i\,,\ \triangle_i = x_i - x_{i-1},\ i=1,2,\cdots,n$$

은 밑변의 길이가 Δ_i 이고 높이가 $f(x_i^*)-g(x_i^*)$ 인 사각형의 넓이들의 합과 같다. 그리고 Δ_i 가 충분히 작아서 $\Delta_i \approx 0$ 이면 리만합은 $y=f(x)$ 의 그래프와 $y=g(x)$ 의 그래프의 $a \le x \le b$ 에서의 넓이와 유사하며 Δ_i 가 모두 0 으로 수렴할 때, 즉

$$\Delta \to 0\,,\ \triangle = \max\{\triangle_1, \triangle_2, \cdots, \triangle_{\mathrm{n}}\}$$

인 극한을 취하면 리만합의 극한은 $y=f(x)$의 그래프와 $y=g(x)$의 그래프의 $a \le x \le b$ 에서의 넓이와 같아진다. 그런데

$$\int_a^b (f(x)-g(x))\,dx = \lim_{\Delta\to 0}\sum_{i=1}^{n} f(x_i^*)\,\Delta_i\,,$$

이므로 따라서 다음의 정리가 성립한다.

[정리 5.1.1]
$[a,b]$ 에 정의된 연속 함수 $f(x)$, $g(x)$ 가 $a \le x \le b$ 에서 $f(x) \ge g(x)$ 일 때, $a \le x \le b$ 에서 $y=f(x)$ 의 그래프와 $y=g(x)$ 의 그래프의 사이의 면적을 A 라 하면

$$A = \int_a^b (f(x)-g(x))\,dx$$

이다.

〈예제〉 $0 \le x \le \frac{\pi}{2}$ **에서** $y=\sin x$ **와** $y=\cos x$ **사이의 면적** A **를 구하라.**

[풀이]

$0 \le x \le \frac{\pi}{4}$ 에서는 $\cos x \ge \sin x$ 이고 $\frac{\pi}{4} \le x \le \frac{\pi}{2}$ 에서는 $\sin x > \cos x$ 이므로 면적 A 는

$$A = \int_0^{\frac{\pi}{4}} (\cos x - \sin x)\,dx + \int_{\frac{\pi}{4}}^{\frac{\pi}{2}} (\sin x - \cos x)\,dx$$

이고

$$\int_0^{\frac{\pi}{4}} (\cos x - \sin x)\,dx + \int_{\frac{\pi}{4}}^{\frac{\pi}{2}} (\sin x - \cos x)\,dx = 2(\sqrt{2}-1)$$

이므로

$$A = 2(\sqrt{2}-1)$$

이다.

거리

어떤 물체의 속도가 시간에 따라 변화하여 시간의 연속함수로서 $v=f(t)$ $(a \le t \le b,\ f(t) \ge 0)$로 주어지는 경우 이 물체가 $a \le t \le b$ 동안 움직인 거리 (D)를 생각해 본다.
$a \le t \le b$를 n 개의 작은 구간으로 나누고 i 번째 구간의 시점을 t_{i-1} 라고 하면, 즉

$$a=t_0<t_1<t_2<\cdots<t_i<\cdots<t_{n-1}<t_n=b$$

$$i \text{ 번째 구간} =[t_{i-1},t_i]$$

로 하자.
구간의 길이가 충분히 작다면 그 구간 동안 물체의 속도를 상수로 간주하고 계산한 거리와 물체가 그 구간 동안 실제 움직인 거리는 유사하고 $a \le t \le b$ 동안 움직인 거리 D는 각각의 소구간에서 속도를 상수로 간주하여 계산한 거리들의 합

$$f(t_0)(t_1-t_0)+f(t_1)(t_2-t_1)+\cdots f(t_{n-1})(t_n-t_{n-1})$$

과 유사하게 된다. 그리고 $f(t_0)(t_1-t_0)+f(t_1)(t_2-t_1)+\cdots f(t_{n-1})(t_n-t_{n-1})$의 t_i-t_{i-1} 이 모두 0 으로 가는 극한을 취하면 그 극한값은 D와 같아진다. 즉

$$D=\lim_{\Delta\to 0}\sum_{i=1}^{n} f(t_{i-1})\Delta_i$$

$$\Delta_i=t_i-t_{i-1}\,,\ \Delta=\max\{\Delta_1,\ \Delta_2,\ \cdots,\Delta_n\}$$

이다. 따라서 정적분의 정의에 의하여

$$D=\int_a^b f(t)\,dt$$

이다.

〈예제〉

**어떤 물체의 속도가 $v(t)=t^2+1$로 주어졌다면 $0 \le t \le 1$ 동안에 움직인 거리는 어떻

게 되는가?

[풀이]

$0 \le t \le 1$ 동안에 움직인 거리는 $\int_0^1 v(t)\,dt$ 이므로

$$\int_0^1 v(t)\,dt = \int_0^1 (t^2+1)\,dt = \frac{4}{3}$$

로부터 움직인 거리는 $\frac{4}{3}$ 이다.

〈연습문제〉

1. $y=\sqrt{x}$, $y=x-2$ 그리고 x 축으로 둘러싸인 부분의 면적을 구하라.

2. $y=(x-1)^2$ 와 $y=-x+2$ 로 둘러싸인 부분의 면적을 구하라.

3. $1 \le x \le e$ 에서 $y=\frac{2\ln x}{x}$ 와 $y=x$ 사이의 면적을 구하라.

4. 면적을 이용하여

$$\frac{1}{2}+\frac{1}{3}+\cdots+\frac{1}{n} < \ln n < 1+\frac{1}{2}+\frac{1}{3}+\cdots+\frac{1}{n-1}$$

임을 보이라.

2. 부피

3차원 입체가 직교좌표계에서 $a \le x \le b$ 에 놓여 있고 각각의 x 에서 그 입체의 단면적이 x 의 함수로 주어지는 경우(그림 5.2.1) 이 입체의 부피를 계산하는 방법을 생각해 보자.

구간 $a \le x \le b$ 를 $a = x_0 < x_1 < x_2 < \cdots < x_i < \cdots < x_n = b$ 인 $x_0, x_1, x_2, \cdots, x_n$ 을 택하여 n 개의 작은 소구간으로 나누고 $A(x)$ 를 단면적을 나타내는 함수라 하면 입체의 부피 V는

$$A(x_0)(x_1 - x_0) + A(x_1)(x_2 - x_1) + \cdots + A(x_{n-1})(x_n - x_{n-1})$$

과 유사하게 되고 $t_i - t_{i-1}$ 이 모두 0 으로 가는 극한을 취하면 그 극한값은 V와 같아지므로

$$V = \lim_{\Delta \to 0} \sum_{i=1}^{n} A(x_{i-1}) \Delta_i$$

$$\Delta_i = x_i - x_{i-1},\ \Delta = \max\{\Delta_1, \Delta_2, \cdots, \Delta_n\}$$

이다. 따라서 정적분의 정의에 의하여

$$V = \int_a^b A(x)\, dx$$

가 된다.

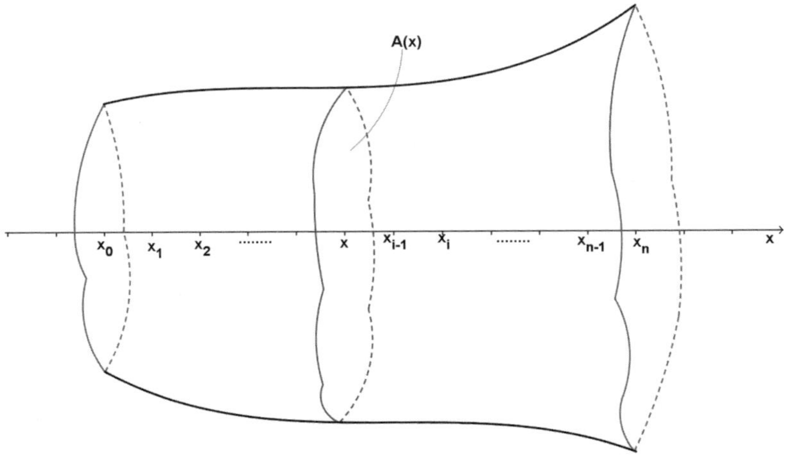

그림 5.2.1

〈예제〉

$[a,b]$ 에서 연속인 함수 $f(x)$ 의 그래프를 x 축을 중심으로 회전하여 생성되는 물체의 부피 V를 구하라.

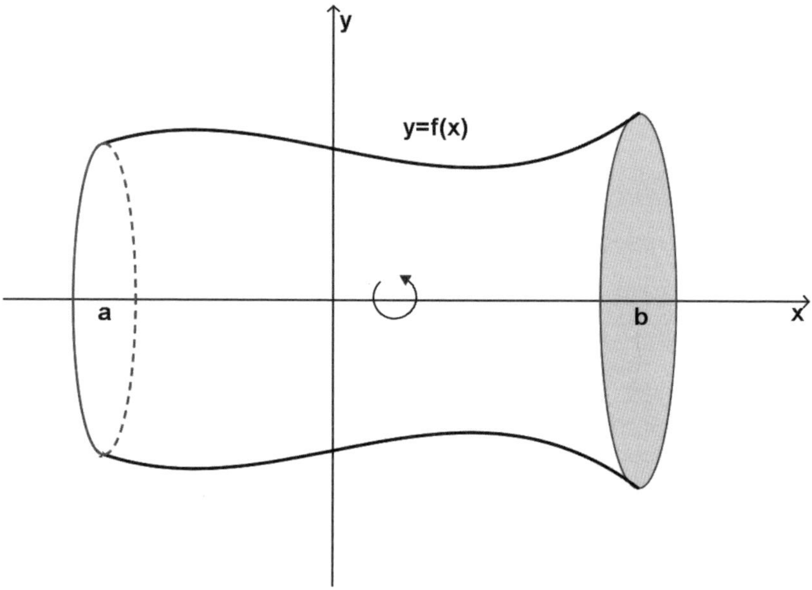

그림 5.2.2

[풀이]

x 에서의 단면적 $A(x)=(f(x))^2\pi$ 가 되므로 부피 V는

$$V=\pi\int_a^b (f(x))^2\,dx$$

이다.

〈예제〉

연속함수 $f(x),\ g(x)$ 가 $[a,b]$ 에서 $f(x)\geq g(x)\geq 0$ 일 때 $[a,b]$ 에서$y=f(x)$ 의 그래프와 $y=g(x)$ 의 그래프 사이의 면적을 x 축을 중심으로 하여 회전하여 구해지는 입체의 체적을 구하라.

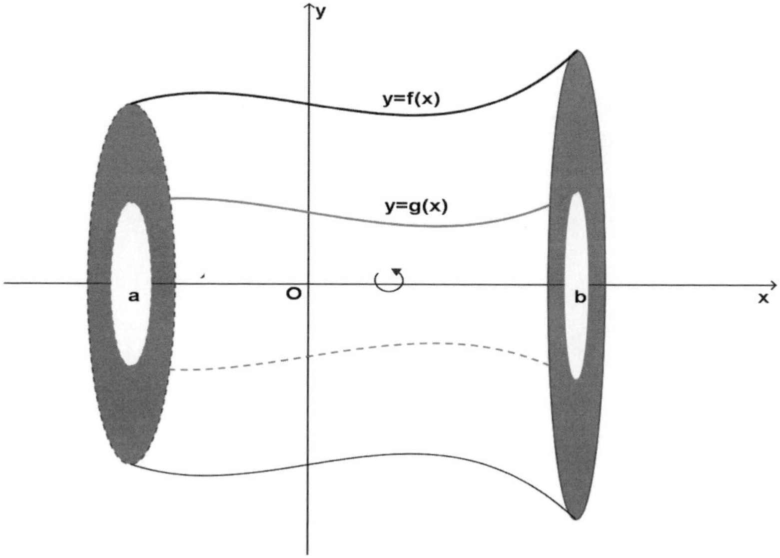

그림 5.2.3

[풀이]

$y=f(x)$ 를 회전한 입체의 부피에서 $y=g(x)$ 를 회전한 입체의 부피를 빼 주면 되므로,

$$\begin{aligned} V &= \pi \int_a^b (f(x))^2 dx - \pi \int_a^b (g(x))^2 dx \\ &= \pi \int_a^b [(f(x))^2 - (g(x))^2] dx \end{aligned}$$

이다.

(주 : 위의 두 예제에서 고려한 방법을 원판에 의한 방법(disk method)이라고 한다)

다음으로 $a \le x \le b$ 에서 양인 연속함수 $f(x)$ (≥ 0)의 그래프와 x 축 사이의 부분(그림 5.2.4)을 y 축을 중심으로 회전하여 구해지는 입체의 체적 V 를 구하는 방법을 생각해 보자.

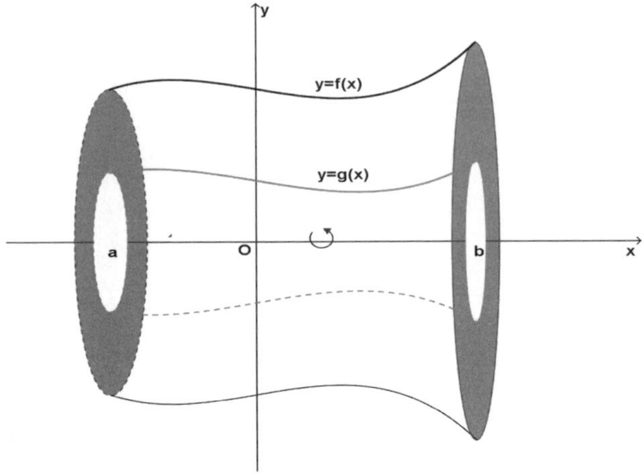

그림 5.2.4 (a)

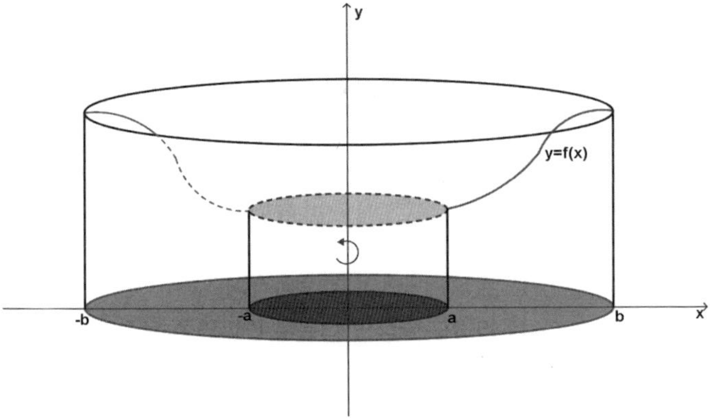

그림 5.2.4 (b)

<그림 5.2.5(a)>에서와 같이 구간 $[a,b]$ 상의 점 $x_0, x_1, x_2, \cdots, x_n$ 을

$$a = x_0 < x_1 < \cdots < x_{n-1} < x_n = b$$

$$\Delta_i = x_i - x_{i-1} \approx 0$$

이 되도록 정한 후 각각의 소구간 $[x_{i-1}, x_i]$ 에서 x_i^* 는 소구간의 중점으로 하여 $x_i^* = \dfrac{x_i + x_{i-1}}{2}$ 로 정한다. 밑면의 길이가 $\Delta_i = x_i - x_{i-1}$ 이고 높이가 $f(x_i^*)$ 인 면을 y 축을 중심으로 해서 회전시킨 얇은 회전판의 부피

V_i 는 밑면의 반지름이 x_i 이고 높이가 $f(x_i^*)$ 인 원통(cylinder)의 부피 $\pi x_i^2 f(x_i^*)$ 으로부터 밑면의 반지름이 x_{i-1} 이고 높이가 $f(x_i^*)$ 인 원통의 부피를 $\pi x_{i-1}^2 f(x_i^*)$ 빼서 구할 수 있고(그림 5.2.4(b)), 계산하면

$$V_i = \pi x_i^2 f(x_i^*) - \pi x_i^2 f(x_i^*) \ = \pi f(x_i^*)(x_i + x_{i-1})(x_i - x_{i-1})$$

이다.

$x_i^* = \dfrac{x_i + x_{i-1}}{2}$ 이므로

$$\pi f(x_i^*)(x_i + x_{i-1})(x_i - x_{i-1}) = 2\pi f(x_i^*) x_i^* (x_i - x_{i-1})$$

이어서 얇은 회전판의 부피 V_i 는

$$V_i = 2\pi f(x_i^*) x_i^* (x_i - x_{i-1}) = 2 f(x_i^*) x_i^* \Delta_i$$

이다.

$a \le x \le b$ 에서 $y = f(x)$ 의 그래프와 x 축 사이의 부분(그림 5.2.5)을 y 축을 중심으로 회전하여 구해지는 입체의 체적 V는

$$V \approx V_1 + V_2 + \cdots + V_n = \sum_{n=1}^{n} V_i \ = \sum_{i=1}^{n} 2 f(x_i^*) x_i^* \Delta_i$$

이고, $\triangle = \max\{\triangle_1, \triangle_2, \cdots, \triangle_n\}$ 으로 하여 $\Delta \to 0$ 인 극한을 취하면

$$V = \lim_{\Delta \to 0} \sum_{i=1}^{n} 2 f(x_i^*) x_i^* \Delta_i$$

가 된다.

그런데 $\sum_{i=1}^{n} 2 f(x_i^*) x_i^* \Delta_i$ 는 함수 $2\pi x f(x)$ 의 $[a, b]$ 상에서의 리만합이고 V는 이 리만합의 극한이므로 따라서 다음의 정적분으로 나타내어진다.

$$\boxed{V = 2\pi \int_a^b x f(x)\, dx}$$

이와 같이 회전체의 부피를 계산하는 방법을 원주면에 의한 방법(shell method)이라고 한다.

〈예제〉

$0 \le x \le 4$ 에서 $y = \sqrt{x}$ 의 그래프와 x 축 사이의 부분을 y 축을 중심으로 하여 회전한 입체의 부피 V를 구하라.

[풀이]

원주면에 의한 방법에 의하여

$$\begin{aligned} V &= 2\pi \int_0^4 x\sqrt{x}\,dx \\ &= 2\pi \int_0^4 x^{\frac{3}{2}}\,dx \\ &= \frac{128\pi}{5} \end{aligned}$$

이다.

〈연습문제〉

1. 밑면의 면적이 A 이고 높이가 h 인 사면체의 체적은 $\frac{Ah}{3}$ 임을 보이라.

2. 입체의 밑면은 타원

$$\frac{x^2}{a^2} + \frac{y^2}{b^2} = 1$$

이고 x 축에 수직인 단면이 정삼각형일 때 이 입체의 체적은 $\frac{4\sqrt{3}\,ab^2}{3}$ 임을 보이라.

3. 밑면의 반경이 r 이고 높이가 h 인 원뿔의 체적을 구하라.

4. $y = x^2$ 과 $y = 2x$ 사이의 도형을 x 축 주위로 회전시켰을 때 얻는 입체의 체적을 구하라.

5. $y = x^2$ 과 $y = 2x$ 사이의 도형을 y 축 주위로 회전시켰을 때 얻는 입체의 체적을 구하라.

3. 곡선의 길이

$[a,b]$ 를 포함하는 구간에서 정의된 $f(x)$ 가 연속이고 미분 가능한 함수일 때 $a \le x \le b$ 에서의 $y=f(x)$ 의 그래프의 길이를 구하는 수식을 생각해 보자.

$[a,b]$ 에서

$$a=x_0 < x_1 < x_2 < \cdots < x_{n-1} < x_n = b$$

이 되는 점 x_i, $i=0,1,\cdots,n$ 을 선택하고 각 $x=x_i$에서의 그래프 $y=f(x)$상의 좌표를 $P_i(x_i, f(x_i))$ 라 하자(그림 5.3.1). 그래프 상에서 $P_{i-1}(x_{i-1}, f(x_{i-1}))$ 와 $P_i(x_i, f(x_i))$ 의 부분의 길이를 S_i 라 하면 전체 그래프의 길이 $S=\sum_{i=1}^{n} S_i$ 이다. $P_{i-1}(x_{i-1}, y_{i-1})$ 와 $P_i(x_i, y_i)$ 을 잇는 선분 $\overline{P_{i-1}P_i}$의 길이를 l_i 라고 하면

$$l_i = \sqrt{(x_i - x_{i-1})^2 + (f(x_i) - f(x_{i-1})^2}$$

이다. 각 $\{x_i\}$들 사이의 거리가 가까우면 $S_i \approx l_i$ 이므로 $S \approx \sum_{i=1}^{n} l_i$ 이다. 그리고 $\triangle_i = x_i - x_{i-1}$, $\triangle = \max\{\triangle_1, \cdots \triangle_n\}$ 이라 하면 $S = \lim_{\triangle \to 0} \sum_{0}^{n} l_i$ 가 된다. 그런데

$$\begin{aligned} l_i &= \sqrt{(x_i - x_{i-1})^2 + (f(x_i) - f(x_{i-1}))^2} \\ &= \sqrt{1 + \left(\frac{f(x_i) - f(x_{i-1})}{x_i - x_{i-1}}\right)^2} \cdot \triangle_i \end{aligned}$$

이고 평균값의 정리에 의하여

$$\frac{f(x_i) - f(x_{i-1})}{x_i - x_{i-1}} = f'(x_{i^*})$$

인 x_i^* 가 (x_{i-1}, x_i) 에 존재하므로

$$S = \lim_{\Delta \to 0} \sum_{i=1}^{n} l_i = \lim_{\Delta \to 0} \sum_{i=1}^{n} \sqrt{1 + (f'(x_i^*))^2}\, \Delta_i$$

$$= \int_a^b \sqrt{1 + (f'(x))^2}\, dx$$

이다. 따라서 다음의 정리가 성립한다.

[정리 5.3.1]
$[a, b]$ 를 포함하는 구간에서 정의된 $f(x)$ 가 연속이고 미분 가능한 함수일 때 $a \le x \le b$ 에서의 $y = f(x)$ 의 그래프의 길이를 S 라 하면

$$S = \int_a^b \sqrt{1 + (f'(x))^2}\, dx$$

이다.

다음은 곡선의 방정식이 매개변수에 의한 식으로 주어져 있는 경우로서 곡선 위의 점 P 의 x 좌표와 y 좌표가 t 의 함수로 주어져 $x = f(t),\ y = g(t)$ 로 표현이 될 때 $a \le t \le b$ 에 대한 곡선의 길이 S 에 대하여 살펴보자. 단, $f(t)$ 와 $g(t)$ 가 연속이고 미분 가능한 함수라고 가정한다(그림 5.3.1).

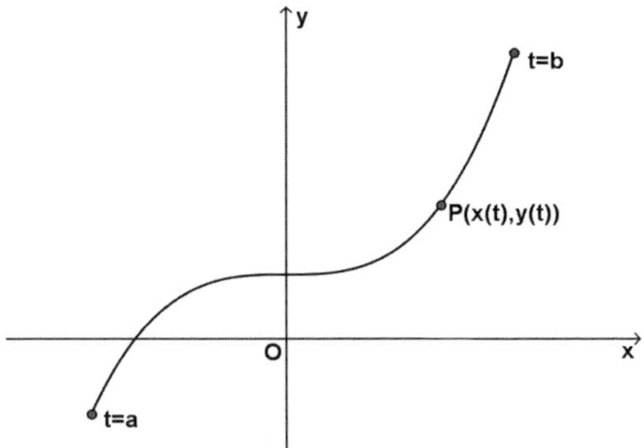

그림 5.3.1

t 에 대한 구간 $[a,b]$ 의

$$a = t_0 < t_1 < t_2 < \cdots < t_{n-1} < t_n = b$$

에서 $t = t_0, t_1, t_2, \cdots, t_n$ 에 대응되는 곡선 위의 점을 $P_0, P_1, P_2, \cdots, P_n$ 이라 하면,

P_i 의 x 좌표와 y 좌표는 각각 $f(t_i), g(t_i)$ 이고

$$\overline{P_{i-1}P_i} = \sqrt{(f(t_i) - f(t_{i-1}))^2 + (g(t_i) - g(t_{i-1}))^2}$$

이다.

각 t_i 간의 간격이 충분히 작게 하면,

$$\text{곡선의 길이} \quad S \approx \sum_{i=1}^{n} \overline{P_{i-1}P_i} = \sum_{i=1}^{n} \sqrt{(f(t_i) - f(t_{i-1}))^2 + (g(t_i) - g(t_{i-1}))^2}$$

이고 $\triangle_i = t_i - t_{i-1}$, $\triangle = \max\{\triangle_1, \cdots \triangle_{\rm n}\}$ 이라 하면

$$\begin{aligned} S &= \lim_{\Delta \to 0} \sum_{i=1}^{n} \overline{P_{i-1}P_i} \\ &= \lim_{\Delta \to 0} \sum_{i=1}^{n} \sqrt{(f(t_i) - f(t_{i-1}))^2 + (g(t_i) - g(t_{i-1}))^2} \end{aligned}$$

이다. 그런데 평균값의 정리에 의하여

$$f(t_i) - f(t_{i-1}) = f'(t_i^*)(t_i - t_{i-1}), \quad t_i^* \in (t_{i-1}, t_i)$$
$$g(t_i) - g(t_{i-1}) = g'(t_i^{**})(t_i - t_{i-1}), \quad t_i^{**} \in (t_{i-1}, t_i)$$

이므로

$$\begin{aligned} S &= \lim_{\Delta \to 0} \sum_{i=1}^{n} \sqrt{f'(t_i^*)^2 (t_i - t_{i-1})^2 + g'(t_i^{**})^2 (t_i - t_{i-1})^2} \\ &= \lim_{\Delta \to 0} \sum_{i=1}^{n} \sqrt{f'(t_i^*)^2 + g'(t_i^{**})^2}\,(t_i - t_{i-1}) \\ &= \lim_{\Delta \to 0} \sum_{i=1}^{n} \sqrt{f'(t_i^*)^2 + g'(t_i^{**})^2}\,\Delta_i \end{aligned}$$

이다. 여기서 $t_i^*, t_i^{**} \in (t_{i-1}, t_i)$ 이고 구간 (t_{i-1}, t_i) 의 길이가 0 으로 수렴하기 때문에 t_i^*, t_i^{**} 는 동일시해도 무방하다. 그러므로

$$\begin{aligned} S &= \lim_{\Delta \to 0} \sum_{i=1}^{n} \sqrt{f'(t_i^*)^2 + g'(t_i^*)^2}\, \Delta_i \\ &= \int_a^b \sqrt{f'(t)^2 + g'(t)^2}\, dt \end{aligned}$$

가 된다. 따라서 다음의 정리가 성립한다.

[정리 5.3.2]
곡선 위의 점 P의 x 좌표와 y 좌표가 $a \le t \le b$ 를 포함하는 구간에서 연속이고 미분 가능한 t 의 함수 $x = f(t), y = g(t)$ 로 표현되면 $a \le t \le b$ 에 대한 곡선의 길이 S는

$$S = \int_a^b \sqrt{f'(t)^2 + g'(t)^2}\, dt$$

이다.

〈연습문제〉

1. $[1, 2]$ 에서 $y = x^2$ 의 그래프의 길이를 적분을 사용하여 나타내라.

2. $[1, 3]$ 에서 $y = \dfrac{x^3}{6} + \dfrac{1}{2x}$ 의 그래프의 길이를 구하라.

3. $[2, 4]$ 에서 $y = \dfrac{x^4}{4} + \dfrac{1}{8x^2}$ 의 그래프의 길이를 구하라.

4. $[0, 1]$ 에서 $y = \sqrt{1 - x^2}$ 의 그래프의 길이를 구하라.

5. $[0, \pi]$ 에서 $y = \sin x - x\cos x$ 의 그래프의 길이를 적분을 사용하여 나타내라.

6. $[0, a]$ 에서 $y = \dfrac{e^x + e^{-x}}{2}$ 의 그래프의 길이를 구하라.

4. 회전체의 표면적

$a \le x \le b$ 에서 양인 미분 가능한 함수 $f(x)\ (\ge 0)$의 그래프를 $a \le x \le b$ 에서 x 축을 중심으로 회전하여 생기는 입체(그림 5.4.1)의 표면적 S를 구하는 방법에 대하여 살피도록 하자.

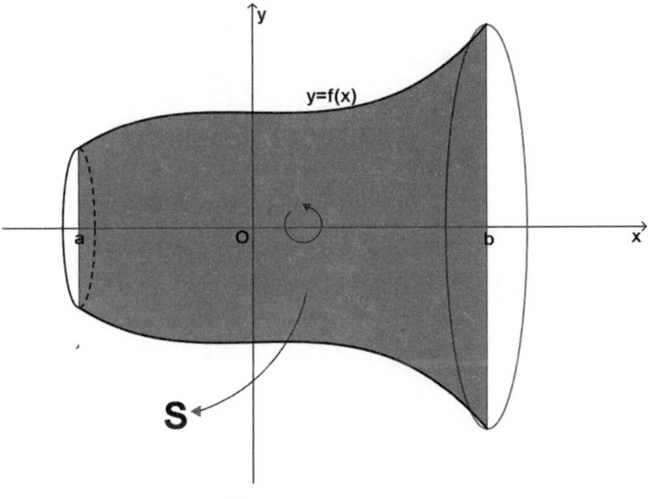

그림 5.4.1

곡선의 길이를 구할 때와 마찬가지로 $a = x_0 < x_1 < x_2 < \cdots < x_{n-1} < x_n = b$ 이 되는 점 $x_i,\ i = 0,1,\cdots,n$ 을 선택하고 각 $x = x_i$ 에서의 그래프 $y = f(x)$ 상의 좌표를 $P_i(x_i, f(x_i))$ 라 하자(그림 5.4.1). $P_{i-1}(x_{i-1}, f(x_{i-1}))$ 와 $P_i(x_i, f(x_i))$ 을 잇는 선분의 길이를 l_i 로 놓으면

$$\overline{P_{i-1}P_i} = l_i = \sqrt{(x_i - x_{i-1})^2 + (f(x_i) - f(x_{i-1}))^2}$$

$$= \sqrt{1 + [\frac{f(x_i) - f(x_{i-1})}{x_i - x_{i-1}}]^2} \cdot (x_i - x_{i-1})$$

이고 $\overline{P_{i-1}P_i}$ 를 x 축을 중심으로 회전하여 얻어지는 원추대(frustum of a cone)의 표면적 S_i 는

$$S_i = \pi[f(x_{i-1}) + f(x_i)]\sqrt{1+[\frac{f(x_i)-f(x_{i-1})}{x_i - x_{i-1}}]^2}\ \Delta_i$$

이다. 단, $\Delta_i = x_i - x_{i-1}$ 이다.

평균값의 정리에 의해서 $\dfrac{f(x_i)-f(x_{i-1})}{x_i - x_{i-1}} = f'(x_i^*)$ 가 되는 x_i^* 가 (x_{i-1}, x_i) 에 존재하고 중간값의 정리에 의해 $\dfrac{f(x_{i-1})+f(x_i)}{2} = f(x_i^{**})$ 인 x_i^{**} 가 (x_{i-1}, x_i) 에 존재한다. 따라서

$$S_i = 2\pi f(x_i^{**})\sqrt{1+(f'(x_i^*))^2}\ \Delta_i\ ,\ x_i^*, x_i^{**} \in (x_{i-1}, x_i)$$

이다.

Δ_i 들이 충분히 0 에 가까우면 $y = f(x)$ 의 그래프를 $a \le x \le b$ 에서 x 축을 중심으로 회전하여 생기는 입체(그림 5.4.1)의 표면적 S 는

$$\begin{aligned} S &\approx \sum_{i=1}^{n} S_i \\ &= \sum_{i=1}^{n} 2\pi f(x_i^{**})\sqrt{1+(f'(x_i^*))^2}\ \Delta_i \end{aligned}$$

이고 Δ_i 이 모두 0 으로 가는 극한을 취하면 그 극한값은 S 와 같아지므로

$$S = \lim_{\Delta \to 0} \sum_{i=1}^{n} 2\pi f(x_i^{**})\sqrt{1+(f'(x_i^*))^2}\ \Delta_i\ ,$$

$$\Delta = \max\{\Delta_1, \Delta_2, \cdots, \Delta_n\}$$

가 된다. 여기서 $x_i^*, x_i^{**} \in (x_{i-1}, x_i)$ 이고 구간 (x_{i-1}, x_i) 의 길이가 0 으로 수렴하기 때문에 x_i^*, x_i^{**} 는 동일시해도 무방하다. 따라서 정적분의 정의에 의하여

$$\boxed{S = \int_a^b f(x)\sqrt{1+(f'(x))^2}\ dx}$$

이다.

〈예제〉 반지름이 r 인 구의 표면적을 구하라.

[풀이]

반지름이 r 인 구는 $y=\sqrt{r^2-x^2}$, $-r \le x \le r$, 의 그래프를 x 축을 중심으로 회전하여 구할 수 있다.

$$\frac{dy}{dx}=\frac{-x}{\sqrt{4-x^2}}$$

이므로 구의 표면적 S는

$$S=2\pi\int_{r}^{r}\sqrt{r^2-x^2}\sqrt{1+[(\sqrt{r^2-x^2})']^2}\,dx$$

$$=2\pi\int_{-r}^{r}\sqrt{r^2-x^2}\sqrt{1+\frac{x^2}{r^2-x^2}}\,dx$$

$$=2\pi\int_{r}^{r}\sqrt{r^{2-x^2}}\,\frac{r}{\sqrt{r^2-x^2}}\,dx$$

$$=2r\pi\int_{-r}^{r}1\,dx=4\pi r^2$$

이다.

〈연습문제〉

다음 곡선을 주어진 구간에서 x 축을 중심으로 회전시킨 입체의 표면적을 구하라.

1. $y=x^2$, $[0,2]$

2. $y=\cos x$, $[0,\ \frac{\pi}{2}]$

3. $x^2+y^2=4$, $[-1,\ 1]$

4. $y=\sqrt{1-x}$, $[-1,\ 0]$

5. 푸리에 급수(Fourier Series)

자연과학이나 사회과학에서 발생하는 많은 문제들은 여러 개의 독립적인 변수들에 기인하고 이들의 수학적인 모델들도 변수를 여러 개 포함하게 된다. 이를 분석하는 데 쓰이는 중요한 수학적인 도구들 중 하나인 푸리에 급수를 살펴보기로 한다.

[정의 5.5.1] 구간별 연속(Piecewise continuity)

함수 $f(x)$ 가 구간 $[a,b]$ 에서 $a \le x_0 < x_1 < x_2 < \cdots < x_n \le b$ 인 유한개의 점 $x_0, x_1, \cdots, x_n$ 을 제외한 모든 점에서 연속이고 불연속인 점 $x_0, x_1, \cdots, x_n$ 으로의 함수의 좌극한과 우극한 값들이 발산하지 않으면 함수 $f(x)$ 를 구간 $[a,b]$ 에서 구간별 연속(Piecewise continuous)이라고 한다.

함수가 폐구간 $[a,b]$ 에서 구간별 연속이면 $[a,b]$ 에서 적분이 가능하고 구간별 연속인 함수에 연속함수를 곱하면 그 함수도 구간별 연속인 함수여서 적분이 가능하다. 따라서 아래와 같이 푸리에 급수는 적분을 사용하여 정의할 수 있다.

[정의 5.5.2] 푸리에 급수(Fourier series)

$[-L, L]$ 에서 구간별 연속인 함수 $f(x)$ 의 푸리에 급수는 다음과 같이 정의된다.

$$\frac{a_0}{2} + \sum_{n=1}^{\infty}\left(a_n \cos\frac{n\pi x}{L} + b_n \sin\frac{n\pi x}{L}\right),$$

$$a_n = \frac{1}{L}\int_{-L}^{L} f(x)\cos\frac{n\pi x}{L}\,dx, \quad n = 0, 1, 2, 3, \ldots$$

$$b_n = \frac{1}{L}\int_{-L}^{L} f(x)\sin\frac{n\pi x}{L}\,dx, \quad n = 1, 2, 3, \ldots .$$

<정의 5.5.2>에서 정의된 푸리에 급수는 함수 $f(x)$ 의 조건에 따라 푸리에 급수를 취한 값이 $f(x)$ 와 값이 같을 수도 있고 다른 경우도 있다. 어떤 경우에는 푸리에 급수가 발산하는 경우도 있을 수 있다. 이에 따라, 푸리에 급수가 함숫값과 같아지는 조건에 대하여 다음의 정리에서 살펴본다.

이 정리의 증명의 과정에는 이 책에서 다루는 내용보다 상위 수준의 수학적인 내용이 요구되므로 생략하기로 한다.

[정리 5.5.1] 푸리에 수렴정리(Fourier convergence theorem)

$f(x)$ 와 $f'(x)$ 가 구간 $[-L, L]$ 에서 n 개의 점, $x_0, x_1, \cdots, x_n$ 에서만 불연속인 구간별 연속 함수이면,

(i) $x \in (-L, L)$, $x \neq x_0, x_1, \cdots, x_n$ 이면

$$f(x) = \frac{a_0}{2} + \sum_{n=1}^{\infty}(a_n \cos\frac{n\pi x}{L} + b_n \sin\frac{n\pi x}{L})$$

이고

(ii) $x = x_i$, $i = 0, 1, 2, \cdots, n$ 이면

$$\frac{f(x_i^-) + f(x_i^+)}{2} = \frac{a_0}{2} + \sum_{n=1}^{\infty}(a_n \cos\frac{n\pi x_i}{L} + b_n \sin\frac{n\pi x_i}{L})$$

이며

(iii) $x = -L, L$ 이면

$$\frac{f(-L^+) + f(L^-)}{2} = \frac{a_0}{2} + \sum_{n=1}^{\infty}(a_n \cos\frac{n\pi x}{L} + b_n \sin\frac{n\pi x}{L})$$

이다.

여기서 $f(x^-)$ 는 $f(x)$ 의 x 에서의 좌극한값이고 $f(x^+)$ 는 $f(x)$ 의 x 에서의 우극한값이다.

푸리에 수렴정리를 다시 표현하면 다음과 같다.
주어진 함수와 그 도함수가 주어진 폐구간 $[-L, L]$ 에서 구간별 연속이면

(i) 함수가 개구간 $(-L, L)$ 내의 연속인 점에서는 푸리에 급수의 값과 함숫값이 일치하고,
(ii) 불연속인 점에서는 푸리에 급수의 값이 그 불연속점에서의 함수의 우극한값과 좌극한값의 평균값이며,
(iii) 양 끝점에서는 푸리에 급수의 값은 함수의 양 끝점으로의 극한값의 평균값이다.
즉, 푸리에 급수의 값은 구간 $[-L, L]$ 에서 유한개의 불연속인 점과 양 끝점을 제외하고는 원래의 함수와 같은 값을 갖는다. 그리고 주어진 함수가 연속함수라면 양 끝점을 제외한 모든 점에서 푸리에 급수와 원래 함수는 같은 값을 갖게 된다. 따라서, 구간 안에 무한히 많은 점이 존재한다는 것을 생각하면 푸리에 급수와 원래 함수는 특별한 경우를 제외하고는 구간 $[-L, L]$ 에서 전체적으로 볼 때 차이가 없는 것으로 간주할 수 있다.

〈예제〉

$f(x) = \begin{cases} -1, & -\pi < x < 0 \\ 1, & 0 \le x < \pi \end{cases}$ **의** $[-\pi, \pi]$ **에서 푸리에 급수를 구하라.**

[풀이]

$$a_0 = \frac{1}{\pi}\int_{-\pi}^{\pi} f(x)\cos\frac{0\cdot\pi\cdot x}{\pi}\,dx = \frac{1}{\pi}\int_{-\pi}^{\pi} f(x)\,dx$$
$$= \frac{1}{\pi}\left[\int_{-\pi}^{0}(-1)\,dx + \int_{0}^{\pi} 1\,dx\right]$$
$$= \frac{1}{\pi}[-\pi + \pi] = 0$$

$$a_n = \frac{1}{\pi}\int_{-\pi}^{\pi} f(x)\cos\frac{n\cdot\pi\cdot x}{\pi}\,dx = \frac{1}{\pi}\int_{-\pi}^{\pi} f(x)\cos nx\,dx$$
$$= \frac{1}{\pi}\left[\int_{-\pi}^{0}(-\cos nx)\,dx + \int_{0}^{\pi}(\cos nx)\,dx\right]$$
$$= \frac{1}{\pi}\left[-\frac{\sin(n\cdot 0)}{n} + \frac{\sin(n\cdot -\pi)}{n} + \frac{\sin n\cdot\pi}{n} - \frac{\sin n\cdot 0}{n}\right]$$
$$= 0, \quad n = 1, 2, 3, \cdots$$

$$b_n = \frac{1}{\pi}\int_{-\pi}^{\pi} f(x)\sin\frac{n\cdot\pi\cdot x}{\pi}\,dx = \frac{1}{\pi}\int_{-\pi}^{\pi} f(x)\sin nx\,dx$$
$$= \frac{1}{\pi}[\int_{-\pi}^{0}(-\sin nx)\,dx + \int_{0}^{\pi}(\sin nx)\,dx]$$
$$= \frac{1}{\pi}[\frac{\cos(n\cdot 0)}{n} - \frac{\cos(n\cdot -\pi)}{n} + \frac{-\cos n\cdot\pi}{n} + \frac{\cos n\cdot 0}{n}]$$
$$= \frac{2}{n\pi}(1-\cos n\pi), \qquad n = 1, 2, 3, \cdots$$

그런데

$$1-\cos n\pi = \begin{cases} 2, & n \text{ 은 홀수} \\ 0, & n \text{ 은 짝수} \end{cases}$$

이므로

$$b_1 = \frac{4}{\pi},\ b_2 = 0,\ b_3 = \frac{4}{3\pi},\ b_4 = 0,\ b_5 = \frac{4}{5\pi},\ \cdots$$

이다. 따라서 $f(x)$ 의 푸리에 급수는

$$\frac{4}{\pi}(\sin x + \frac{1}{3}sin\,3x + \frac{1}{5}sin\,5x + \cdots + \frac{1}{2k+1}sin\,(2k+1)x + \cdots)$$

이다.

위의 예제에서 주어진 함수 $f(x)$ 는 $x = \frac{\pi}{2}$ 에서 연속이므로 $x = \frac{\pi}{2}$ 에서의 함숫값과 푸리에 급수의 값은 같으므로

$$1 = f(\frac{\pi}{2}) = \frac{4}{\pi}(\sin\frac{\pi}{2} + \frac{1}{3}sin\frac{3\pi}{2} + \frac{1}{5}sin\frac{5\pi}{2} + \cdots + \frac{1}{2k+1}sin\frac{(2k+1)\pi}{2} + \cdots)$$
$$= \frac{4}{\pi}(1 - \frac{1}{3} + \frac{1}{5} - \frac{1}{7} + \cdots + (-1)^k\frac{1}{2k+1} + \cdots)$$

가 되어

$$\sum_{k=0}^{\infty}(-1)^k\frac{1}{2k+1} = 1 - \frac{1}{3} + \frac{1}{5} - \frac{1}{7} + \cdots + (-1)^k\frac{1}{2k+1} + \cdots$$
$$= \frac{\pi}{4}$$

임을 알게 된다.

〈연습문제〉

1. (a) $f(x)=x^2$ 의 $[-\pi,\pi]$ 에서의 푸리에 급수를 구하라.

   (b) (a)의 결과를 이용하여 $\sum_{n=1}^{\infty}\frac{1}{n^2}=\frac{\pi^2}{6}$ 임을 보이라.

   (c) (a)의 결과를 이용하여 $\sum_{n=1}^{\infty}\frac{(-1)^{n+1}}{n^2}=\frac{\pi^2}{12}$ 임을 보이라.

2. (a) $f(x)=x^4$ 의 $[-\pi,\pi]$ 에서의 푸리에 급수를 구하라.

   (b) (a)의 결과를 이용하여 $\sum_{n=1}^{\infty}\frac{1}{n^4}=\frac{\pi^4}{90}$ 임을 보이라.

6장. 수치적 방법(Numerical method)

이 장에서는 미분과 적분의 근삿값을 구하는 방법들에 대하여 살펴본다.

1. 수치적 미분(Numerical differentiation)

3장 5절에서 $f(x)$ 에 $n=1$ 로서 테일러 정리를 적용하여

$$f'(a) \approx \frac{f(a+h)-f(a)}{h}$$

로 근사하였을 때의 오차는 $-f''(\xi)\frac{h}{2!}$ 가 된다는 것을 알았다. 이때의 오차는 대체로 h 에 비례하게 되므로 작은 오차범위 내에서 근삿값을 구하려면 매우 작은 h 를 선택해야 하므로 상당한 제약이 따르게 된다. 따라서 보다 효율적인 방법을 생각해 보도록 한다.

〈Three-points Formula〉

$f'(a)$ 의 근삿값을

$$f'(a) \approx \frac{f(a+h)-f(a)}{h}$$

로 하는 데에는 두 점 a 와 $a+h$에서의 함숫값이 사용되었다. 보다 효율적인 근삿값을 구하기 위해 세 점에서의 함숫값을 사용하여 근사식을 구하는 방법들을 생각하기로 한다.

(i) Central Formula

$x=a-h, a, a+h$ 에서의 함숫값을 사용하여 근사식을 구한다.

$f(x)$ 에 $x=a$, $n=2$ 로서 테일러 정리를 적용하면

$$f(x)=f(a)+f'(a)(x-a)+\frac{f''(a)}{2!}(x-a)^2+\frac{f'''(\xi)}{3!}(x-a)^3$$

이다. 여기에 $x=a-h$ 와 $x=a+h$ 를 각각 대입하면

$$(1)\quad f(a-h)=f(a)+f'(a)(-h)+\frac{f''(a)}{2!}(-h)^2+\frac{f'''(\xi_1)}{3!}(-h)^3$$

$$(2)\quad f(a+h)=f(a)+f'(a)h+\frac{f''(a)}{2!}h^2+\frac{f'''(\xi_2)}{3!}h^3$$

이다. 여기서 ξ_1은 a 와 $a-h$ 사이에 있고 ξ_2 은 a 와 $a+h$ 사이에 있으므로 $\xi_1 \neq \xi_2$ 이다.

식(2)에서 식(1)을 빼고 양변을 $2h$ 로 나누면

$$\frac{f(a+h)-f(a-h)}{2h}=f'(a)+\frac{f'''(\xi_2)-f'''(\xi_1)}{2\cdot 3!}h^2$$

이 된다. 따라서

$$f'(a)\approx\frac{f(a+h)-f(a-h)}{2h}$$

로 하면 오차는

$$\frac{f'''(\xi_2)-f'''(\xi_1)}{2\cdot 3!}h^2$$

만큼 발생한다. 일반적으로 h 는 $|h|$ 이 작게 선택을 하게 되므로 ξ_1 과 ξ_2 는 별로 변화가 없다. 그러므로 이 오차는 대체로 h^2 에 비례한다고 할 수 있다.

〈Central Formula〉

$$f'(a)\approx\frac{f(a+h)-f(a-h)}{2h}$$

(ii) Forward Formula

$x=a, a+h, a+2h$ 에서의 함숫값을 사용하여 근사식을 구한다.

Central Formula 에서와 같이 $f(x)$ 에 $x=a$, $n=2$ 로서 테일러 정리

$$f(x)=f(a)+f'(a)(x-a)+\frac{f''(a)}{2!}(x-a)^2+\frac{f'''(\xi)}{3!}(x-a)^3$$

를 사용한다. 여기에 $x=a+h$ 와 $x=a+2h$ 를 각각 대입하면

$$(3)\quad f(a+h)=f(a)+f'(a)h+\frac{f''(a)}{2!}h^2+\frac{f'''(\xi_1)}{3!}h^3$$

$$(4)\quad f(a+2h)=f(a)+f'(a)(2h)+\frac{f''(a)}{2!}(2h)^2+\frac{f'''(\xi_2)}{3!}(2h)^3$$

이다. 여기서 ξ_1 은 a 와 $a+h$ 사이에 있고 ξ_2 은 a 와 $a+2h$ 사이에 있으므로 $\xi_1 \neq \xi_2$ 이다.

식(1) $\times$ 4 에서 식(4)를 빼고 양변을 $2h$ 로 나누면

$$\frac{4f(a+h)-3f(a)-f(a+2h)}{2h}=f'(a)+\frac{2f'''(\xi_1)-4f'''(\xi_2)}{3!}h^2$$

이 된다. 따라서

$$f'(a)\approx\frac{4f(a+h)-3f(a)-f(a+2h)}{2h}$$

로 하면 오차는

$$\frac{2f'''(\xi_1)-4f'''(\xi_2)}{3!}h^2$$

만큼 발생한다. Central Formula 와 마찬가지로 $|h|$ 이 작게 선택을 하게 되므로 ξ_1 과 ξ_2 는 별로 변화가 없다. 그러므로 이 오차는 대체로 h^2 에 비례한다고 할 수 있다.

〈Forward Formula〉

$$f'(a)\approx\frac{4f(a+h)-3f(a)-f(a+2h)}{2h}$$

(iii) Backward Formula

$x=a,\ a-h,\ a-2h$ 에서의 함숫값을 사용하여 근사식을 구한다.

$f(x)$ 에 $x=a$, $n=2$ 로서 테일러 정리

$$f(x)=f(a)+f'(a)(x-a)+\frac{f''(a)}{2!}(x-a)^2+\frac{f'''(\xi)}{3!}(x-a)^3$$

에 $x=a-h$ 와 $x=a-2h$ 를 각각 대입하면

$$(5)\quad f(a-h)=f(a)-f'(a)h+\frac{f''(a)}{2!}h^2-\frac{f'''(\xi_1)}{3!}h^3$$

$$(6)\quad f(a-2h)=f(a)-f'(a)(2h)+\frac{f''(a)}{2!}(2h)^2-\frac{f'''(\xi_2)}{3!}(2h)^3$$

이다. ξ_1 은 a 와 $a-h$ 사이에 있고 ξ_2 은 a 와 $a-2h$ 사이에 있으므로 $\xi_1 \neq \xi_2$ 이다.

식(6)에서 식(5) $\times$ 4를 빼고 양변을 $2h$ 로 나누면

$$\frac{3f(a)+f(a-2h)-4f(a-h)}{2h}=f'(a)+\frac{2f'''(\xi_1)-4f'''(\xi_2)}{3!}h^2$$

이 된다. 따라서

$$f'(a)\approx\frac{3f(a)+f(a-2h)-4f(a-h)}{2h}$$

로 하면 오차는

$$\frac{2f'''(\xi_1)-4f'''(\xi_2)}{3!}h^2$$

만큼 발생한다. 여기서도 $|h|$ 이 작게 선택을 하게 되므로 ξ_1 과 ξ_2 는 별로 변화가 없다. 그러므로 이 오차는 대체로 h^2 에 비례한다고 할 수 있다.

〈Backward Formula〉

$$f'(a)\approx\frac{3f(a)+f(a-2h)-4f(a-h)}{2h}$$

Three points formula 에서는 3개의 점에서의 함숫값을 사용하여 오차가 대체로 h^2 에 비례하게끔 되는 근삿값을 구하였다. 그러나 이용하는 점의 수를 더 늘리면 보다 좋은 근삿값을 이루는 식을 만들 수 있다.

〈예제〉

$f(x)=x^4$ **에 Three-points Central Formula를 적용하여** $f'(1)$ **의 근삿값을** $h=\frac{1}{2},\ \frac{1}{4},\ \frac{1}{8}$ **일 때 각각 구하고 오차에 대하여 설명하라.**

[풀이]

$f'(x)=4x^3$ 이므로 참값은 4이다.

Central Formula $f'(a)\approx\dfrac{f(a+h)-f(a-h)}{2h}$ 로 근삿값을 계산하면

$$h=\frac{1}{2} \text{ 일 때 } \frac{(1.5)^4-(0.5)^4}{2\cdot\frac{1}{2}}=5$$

$$h=\frac{1}{4} \text{ 일 때 } \frac{(1.25)^4-(0.75)^4}{2\cdot\frac{1}{4}}=4.25$$

$$h=\frac{1}{8} \text{ 일 때 } \frac{(1.125)^4-(0.875)^4}{2\cdot\frac{1}{8}}=4.0625$$

따라서 $h=\frac{1}{2},\ \frac{1}{4},\ \frac{1}{8}$ 오차는 각각 $1,\ \frac{1}{4},\ \frac{1}{16}$ 으로 h를 반으로 줄임에 따라 오차는 $\frac{1}{4}$ 배로 줄어들었다. 따라서 오차가 h^2에 비례하는 것을 볼 수 있다.

위의 예제에서는 h를 반으로 줄임에 따라 오차가 정확히 $\frac{1}{4}$ 배로 줄어 들었지만 일반적으로는 정확하게 $\frac{1}{4}$ 로 줄어들지는 않고 거의 $\frac{1}{4}$ 로 줄어들게 된다.

〈Five-points Formula〉

Five-points Formula 도 여러 가지 형태가 있을 수 있지만 여기서는 Central Formula 만 유도하도록 하겠다.

$f(x)$ 에 $x=a,\ n=4$ 로서 테일러 정리

$$f(x) = f(a) + f'(a)(x-a) + \frac{f''(a)}{2!}(x-a)^2 + \frac{f'''(a)}{3!}(x-a)^3 + \frac{f^{(4)}(a)}{4!}(x-a)^4 + \frac{f^{(5)}(\xi)}{5!}(x-a)^5$$

를 사용한다. 여기에 $x=a-2h$, $x=a-h$, $x=a+h$, $x=a+2h$ 를 각각 대입하면

$$(7)\quad f(a-2h) = f(a) - f'(a)(2h) + \frac{f''(a)}{2!}(2h)^2 - \frac{f'''(a)}{3!}(2h)^3 + \frac{f^{(4)}(a)}{4!}(2h)^4 - \frac{f^{(5)}(\xi_1)}{5!}(2h)^5$$

$$(8)\quad f(a-h) = f(a) - f'(a)(h) + \frac{f''(a)}{2!}(h)^2 - \frac{f'''(a)}{3!}(h)^3 + \frac{f^{(4)}(a)}{4!}(h)^4 - \frac{f^{(5)}(\xi_2)}{5!}(h)^5$$

$$(9)\quad f(a+h) = f(a) + f'(a)(h) + \frac{f''(a)}{2!}(h)^2 + \frac{f'''(a)}{3!}(h)^3 + \frac{f^{(4)}(a)}{4!}(h)^4 + \frac{f^{(5)}(\xi_3)}{5!}(h)^5$$

$$(10)\quad f(a+2h) = f(a) + f'(a)(2h) + \frac{f''(a)}{2!}(2h)^2 + \frac{f'''(a)}{3!}(2h)^3 + \frac{f^{(4)}(a)}{4!}(2h)^4 + \frac{f^{(5)}(\xi_4)}{5!}(2h)^5$$

이다. ξ_1은 a 와 $a-2h$ 사이, ξ_2 은 a 와 $a-h$ 사이, ξ_3 는 a 와 $a+h$ 사이 그리고 ξ_4 는 a 와 $a+2h$ 사이에 있다.

식(9) - 식(8) 로부터

$$(11)\qquad f(a+h) - f(a-h) = 2hf'(a) + \frac{2f'''(a)}{3!}h^3 + \frac{f^{(5)}(\xi_3) + f^{(5)}(\xi_2)}{5!}h^5$$

이고

식(10) - 식(7) 로부터

$$(12)\qquad f(a+2h) - f(a-2h) = 4hf'(a) + \frac{16f'''(a)}{3!}h^3 + \frac{32f^{(5)}(\xi_4) + 32f^{(5)}(\xi_1)}{5!}h^5$$

이 된다.

$8\times$식(11) - 식(12) 에서

(13) $f(a-2h)-8f(a-h)+8f(a+h)-f(a+2h)$

$$=12hf'(a)+\frac{8(f^{(5)}(\xi_3)+f^{(5)}(\xi_2))-32(f^{(5)}(\xi_4)+f^{(5)}(\xi_1))}{5!}h^5$$

이 된다.

(13) 의 양변을 $12h$ 로 나누면

(14) $\frac{1}{12h}[f(a-2h)-8f(a-h)+8f(a+h)-f(a+2h)]$

$$=f'(a)+\frac{8(f^{(5)}(\xi_3)+f^{(5)}(\xi_2))-32(f^{(5)}(\xi_4)+f^{(5)}(\xi_1))}{12\cdot 5!}h^4$$

이 되므로

$$f'(a)\approx\frac{1}{12h}[f(a-2h)-8f(a-h)+8f(a+h)-f(a+2h)]$$

로 하면 오차는

$$\frac{8(f^{(5)}(\xi_3)+f^{(5)}(\xi_2))-32(f^{(5)}(\xi_4)+f^{(5)}(\xi_1))}{12\cdot 5!}h^4$$

이 된다. h 는 $|h|$ 이 작게 선택을 하게 되므로 ξ_1, ξ_2, ξ_3, ξ_4 는 별로 변화가 없다. 그러므로 이 오차는 대체로 h^4 에 비례한다고 할 수 있다.

〈Five-points Central Formula〉

$$f'(a)\approx\frac{1}{12h}[f(a-2h)-8f(a-h)+8f(a+h)-f(a+2h)]$$

Three-points Formula 에서와 마찬가지로 여러 가지 다른 형태의 Five-points Formula 를 구할 수 있다.

〈연습문제〉

1. $f(x)=\sin x$ 에 three-point central formula, forward formula, backward formula 를 각각 적용하여 $f'(\frac{\pi}{4})$ 의 근삿값을 $h=\frac{1}{4}, \frac{1}{8}, \frac{1}{16}$ 일 때 각각 구하고 오차에 대하여 설명하라. (계산기를 사용할 것)

2. $f(x)=x^4$ 에 five-point central formula 를 적용하여 $f'(1)$ 의 근삿값을 $h=\frac{1}{2}, \frac{1}{4}, \frac{1}{8}$ 일 때 각각 구하고 오차에 대하여 설명하라.

3. $f(a), f(a+h), f(a+2h), f(a+3h), f(a+4h)$ 를 사용하여 $f'(a)$ 의 근삿값을 구하는 five-point forward formula 를 구하라.

4. $f(a-h), f(a), f(a+h), f(a+2h)$ 를 사용하여 $f'(a)$ 의 근삿값을 구하는 four-point formula 를 구하라.

2. 수치적 적분(Numerical integration)

주어진 함수 $f(x)$ 정적분 하는 방법으로 치환적분과 부분적분 등이 있지만 실제로 적분이 되는 함수는 극히 제한적이다. 예를 들어 e^{-x^2} 은 정규분포를 나타내는 데 쓰이는 매우 중요한 함수이지만 $\int_a^b e^{-x^2}dx$ 의 참값을 정확히 계산할 수 있는 적분의 방법은 없다. 그러나 이 값을 구하는 것은 매우 중요한 일어어서 충분이 가까운 근삿값을 구해서 사용을 해야 하므로 이 섹션에서는 정적분의 근삿값을 구하는 방법으로서 사각형에 의한 방법, 사다리꼴에 의한 방법, 심슨의 방법(Simpson's rule)과 같은 방법들을 살펴보고 그 방법들을 사용하여 구하는 근삿값의 오차에 대하여 생각한다.

구체적인 방법들을 살펴보기 전에 이 섹션에서 여러 번 사용할 'Weighted mean value theorem for integral'이라 하는 정리를 기술하고 증명한다.

[정리 6.2.1] Weighted Mean Value Theorem for Integral
$f(x)$ 가 $[a,b]$ 에서 연속이고 $[a,b]$ 에서 적분이 가능한 함수 $g(x)$ 가 $[a,b]$ 에서 부호가 바뀌지 않으면 $c \in [a,b]$ 가 존재해서

$$\int_a^b f(x)g(x)\,dx = f(c)\int_a^b g(x)\,dx$$

가 된다.

[증명]

$[a,b]$ 에서 $f(x)$ 의 최댓값을 M, 최솟값을 m 이라 하고 $[a,b]$ 에서 $g(x)>0$ 라 하면

$$\int_a^b g(x)\,dx > 0$$

이고

$$m\int_a^b g(x)\,dx = \int_a^b m\,g(x)\,dx \le \int_a^b f(x)g(x)\,dx$$

$$\le \int_a^b M\,g(x)dx = M\int_a^b g(x)\,dx$$

이므로

$$m \le \frac{\int_a^b f(x)g(x)\,dx}{\int_a^b g(x)\,dx} \le M$$

이 된다.

그런데 $f(x)$ 는 연속함수이므로 중간값의 정리에 의하여 $[a,b]$ 사이에

$$f(c) = \frac{\int_a^b f(x)g(x)\,dx}{\int_a^b g(x)\,dx}$$

인 c 가 존대한다. 따라서

$$\int_a^b f(x)g(x)\,dx = f(c)\int_a^b g(x)\,dx$$

이다.

$[a,b]$ 에서 $g(x) < 0$ 인 경우도 같은 방법으로 증명할 수 있다.

〈사각형에 의한 방법(Rectangular Method)〉

정적분 $\int_a^b f(x)\,dx$ 는 리만합의 극한

$$\int_a^b f(x)\,dx = \lim_{\Delta \to 0} \sum_{i=1}^{n} f(x_i^*)\,\Delta_i$$

이므로 Δ 가 충분히 작다면

$$\int_a^b f(x)\,dx \approx \sum_{i=1}^{n} f(x_i^*)\,\Delta_i$$

가 된다.

그러므로 적분구간 $[a,b]$ 를 충분히 큰 자연수 n 개의 등구간으로 나누어 리만합을 구하면 $\int_a^b f(x)\,dx$ 와 유사한 근삿값을 구할 수 있게 된다. 이러한 관점에서 $\int_a^b f(x)\,dx$ 의 근삿값을 다음과 같이 구한다.

주어진 구간 $[a,b]$ 에서

$$h = \frac{b-a}{n},$$

$$x_i - x_{i-1} = h,\ i = 1,2,\cdots,n \quad (x_i = a + ih \text{ 가 된다.})$$

으로 정의하면 $\sum_{i=1}^{n} f(x_{i-1})h$ 은 $\Delta = h$, $x_i^* = x_{i-1}$ 으로 정한 리만합이므로 $h \approx 0$ (즉, n 이 충분히 크다)이면 $\int_a^b f(x)\,dx$ 와 유사한 값을 갖게 되는데 이를 사각형에 의한 방법(rectangular method)이라고 한다.

〈사각형에 의한 방법(Rectangular Method)〉

$f(x)$, $f'(x)$ 가 구간 $[a,b]$ 에서연속일 때

$$h = \frac{b-a}{n} \ (\approx 0)\ ,\ \ x_i - x_{i-1} = h,\ i = 1,2,\cdots,n \text{ 이면}$$

$$\int_a^b f(x)\,dx \ \approx \sum_{i=1}^{n} f(x_{i-1})h$$

이다.

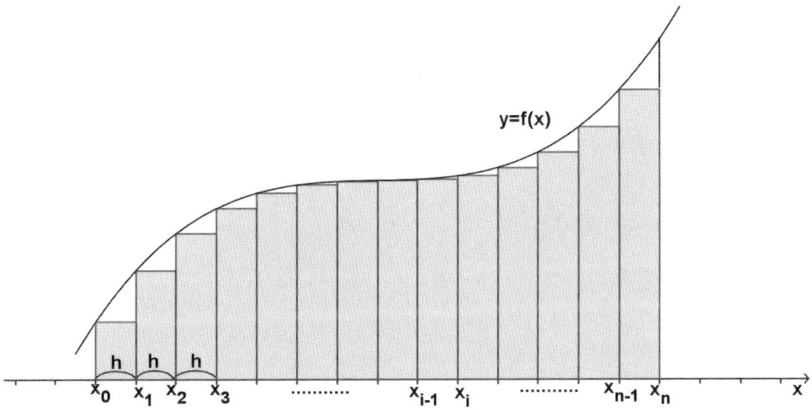

그림 6.2.1 사각형에 의한 방법

사각형에 의한 방법이 정적분의 근삿값이 되는 것은 자명하다. 다음에서는 이 방법에 의한 근삿값과 참값과의 차이가 어떻게 되는지 오차에 대하여 분석한다. 수학적으로 완벽하게 분석하는 것은 이 책의 범위를 넘어가므로 여기서는 독자가 오차에 대한 이해를 할 수 있게 하는 정도의 설명을 전개해 나가도록 하겠다.

소구간 $[x_{i-1}, x_i]$에서 $f(x)$ 의 테일러 전개를 $a = x_{i-1}$, $n = 0$으로 하면

$$f(x) = f(x_{i-1}) + f'(\xi)(x - x_{i-1})$$

이 되므로

$$\int_{x_{i-1}}^{x_i} f(x)\,dx = \int_{x_{i-1}}^{x_i} (f(x_{i-1}) + f'(\xi)(x - x_{i-1}))$$
$$= \int_{x_{i-1}}^{x_i} f(x_{i-1})\,dx + \int_{x_{i-1}}^{x_i} f'(\xi)(x - x_{i-1})\,dx$$

$(x - x_{i-1})$ 은 $[x_{i-1}, x_i]$ 에서 항상 양의 값을 가지므로 <정리 6.2.1>에 의하여

$$\int_{x_{i-1}}^{x_i} f(x)\,dx = f(x_{i-1})\,h + f'(c_i)\int_{x_{i-1}}^{x_i} (x - x_{i-1})\,dx$$
$$= f(x_{i-1})\,h + f'(c_i)\frac{h^2}{2}$$

이다. (c_i 는 $[x_{i-1}, x_i]$ 에 위치한 상수) 따라서

$$\int_{x_{i-1}}^{x_i} f(x)\,dx \approx f(x_{i-1})\,h$$

로 근삿값을 택하면 오차는 $f'(c_i)\frac{h^2}{2}$ 이다. 즉 $[x_{i-1}, x_i]$ 에서의 이 근삿값은 h^2 에 대체로 비례하는 오차($O(h^2)$ 로 표기함)를 갖게 된다.

$[a, b]$ 에서 $f(x)$ 의 적분을 보면

$$\int_a^b f(x)\,dx = \int_{x_0}^{x_1} f(x)\,dx + \int_{x_1}^{x_2} f(x)\,dx + \cdots + \int_{x_{n-1}}^{x_n} f(x)\,dx$$
$$= \sum_{i=1}^{n}\int_{x_{i-1}}^{x_i} f(x)\,dx$$

이므로 위의 근삿값을 각각의 소구간에서 적용하면

$$\int_a^b f(x)\,dx \approx \sum_{i=1}^{n} f(x_{i-1})\,h$$

이고 이때의 오차는 $\sum_{i=1}^{n} f'(c_i)\frac{h^2}{2}$ 이다. 즉 $\int_a^b f(x)\,dx$ 의 근삿값으로 사각형에 의한 방법의 오차는 $\sum_{i=1}^{n} f'(c_i)\frac{h^2}{2}$ 이다. 그런데 $\sum_{i=1}^{n} f'(c_i)\frac{h^2}{2}$ 의 각항 $f'(c_i)\frac{h^2}{2}$ 은 h^2 에 대체로 비례하지만 이러한 것이 n 개 더해지고 $h = \frac{b-a}{n} \propto \frac{1}{n}$ 이므로 $\sum_{i=1}^{n} f'(c_i)\frac{h^2}{2}$ 는 h 에 대체로 비례하게 된다. 즉 사각형에 의한 방법의 근삿값

$$\int_a^b f(x)\,dx \approx \sum_{i=1}^{n} f(x_{i-1})\,h$$

에서의 오차는 h 에 대체로 비례($O(h)$)한다.

〈예제〉

$\int_0^1 x^4\,dx$ **의 사각형에 의한 방법으로 근삿값을 구하고 오차에 대하여 설명하라.**

[풀이]

$\int_0^1 x^4\,dx$ 의 참값은 $\frac{1}{5}$ 이다.

사각형에 의한 방법으로 $h=\frac{1}{2}, \frac{1}{4}, \frac{1}{8}$ 의 경우들을 각각 살펴보면

$h=\frac{1}{2}$ 이면,

$n=2, x_0=0, x_1=\frac{1}{2}, x_2=1$ 이므로

$$\int_0^1 x^4\,dx \approx \sum_{i=1}^{2}(x_{i-1})^4 \frac{1}{2}$$
$$= \frac{1}{2}(0^4+(\frac{1}{2})^4) = \frac{1}{32}$$

이고 오차는 $|\frac{1}{5}-\frac{1}{32}| = \frac{27}{160} \doteq 0.169$ 이다.

$h=\frac{1}{4}$ 이면,

$n=4, x_0=0, x_1=\frac{1}{4}, x_2=\frac{2}{4}, x_3=\frac{3}{4}, x_4=1$ 이므로

$$\int_0^1 x^4\,dx \approx \sum_{i=1}^{4}(x_{i-1})^4 \frac{1}{4}$$
$$= \frac{1}{4}(0^4+(\frac{1}{4})^4+(\frac{2}{4})^4+(\frac{3}{4})^4) = \frac{49}{512}$$

이고 오차는 $|\frac{1}{5}-\frac{49}{512}| = \frac{267}{2560} \doteq 0.1043$ 이다.

$h=\frac{1}{8}$ 이면,

$n=8, x_0=0, x_1=\frac{1}{8}, x_2=\frac{2}{8}, \cdots, x_7=\frac{7}{8}, x_8=1$ 이므로

$$\int_0^1 x^4\,dx \approx \sum_{i=1}^{8}(x_{i-1})^4\frac{1}{8}$$
$$=\frac{1}{8}(0^4+(\frac{1}{8})^4+(\frac{2}{8})^4+\cdots+(\frac{7}{8})^4)=\frac{1169}{8192}$$

이고 오차는 $|\frac{1}{5}-\frac{1169}{8192}| \doteqdot 0.0573$ 이다.

따라서 h를 반으로 줄이면 오차도 대체로 반으로 줄어드는 것을 알 수 있다.

〈사다리꼴에 의한 방법(Trapezoidal Rule)〉

사각형에 의한 방법에서는 소구간 $[x_{i-1}, x_i]$에서 $f(x)$ 의 $a=x_{i-1}$, $n=0$ 으로 하는 테일러 전개를 사용하게 되므로 $\int_a^b f(x)\,dx$ 에 대하여 h 에 비례하는 오차를 갖게 되었다. 오차를 개선하기 위해 $n=1$ 로 하면

$$f(x)=f(x_{i-1})+f'(x_{i-1})(x-x_{i-1})+\frac{f''(\xi)}{2!}(x-x_{i-1})^2$$

이므로 소구간 $[x_{i-1}, x_i]$에서

$$\int_{x_{i-1}}^{x_i} f(x)\,dx=\int_{x_{i-1}}^{x_i}(f(x_{i-1})+f'(x_{i-1})(x-x_{i-1})+\frac{f''(\xi)}{2!}(x-x_{i-1})^2)dx$$
$$=f(x_{i-1})h+f'(x_{i-1})\frac{h^2}{2}+\int_{x_{i-1}}^{x_i}\frac{f''(\xi)}{2!}(x-x_{i-1})^2\,dx$$

이고 $(x-x_{i-1})$ 은 $[x_{i-1}, x_i]$ 에서 항상 양의 값을 가지므로 <정리 6.2.1>에 의하여

$$\int_{x_{i-1}}^{x_i} f(x)\,dx=f(x_{i-1})h+f'(x_{i-1})\frac{h^2}{2}+\frac{f''(c_i)}{2!}\int_{x_{i-1}}^{x_i}(x-x_{i-1})^2\,dx$$
$$=f(x_{i-1})h+f'(x_{i-1})\frac{h^2}{2}+\frac{f''(c_i)}{2!}\frac{h^3}{3}$$

이다. <3장 5절> 예제 (d)에 의하면

$$f'(a)=\frac{f(a+h)-f(a)}{h}-f''(\xi)\frac{h}{2!}$$

이고 $x_i - x_{i-1} = h$ 이므로,

$$f'(x_{i-1}) = \frac{f(x_i) - f(x_{i-1})}{h} - \frac{f''(\xi_i)}{2!}h$$

을 대입하면

$$\int_{x_{i-1}}^{x_i} f(x)\,dx = \frac{h}{2}(f(x_{i-1}) + f(x_i)) + (\frac{f''(c_i)}{6} - f''\frac{(\xi_i)}{4})h^3$$

이 된다. 따라서

$$\int_{x_{i-1}}^{x_i} f(x)\,dx \approx \frac{h}{2}(f(x_{i-1}) + f(x_i))$$

로 하면 오차가 $(\frac{f''(c_i)}{6} - f''\frac{(\xi_i)}{4})h^3$ 로서 h^3 에 대체로 비례하게 된다. (c_i 와 ξ_i 는 모두 $[x_{i-1}, x_i]$ 에 있고 일반적으로 이 둘은 같지 않다.)

$\frac{h}{2}(f(x_{i-1}) + f(x_i))$는 밑변과 윗변의 길이가 각각 $f(x_{i-1}), f(x_i)$ 이고 높이가 h 인 사다리꼴(trapezoid)의 면적이 되므로 이 방법을 사다리꼴에 의한 방법(trapezoidal rule)이라 한다.

사각형에 의한 방법에서와 마찬가지로 $[a, b]$ 에서 $f(x)$ 의 적분은

$$\begin{aligned}\int_a^b f(x)\,dx &= \int_{x_0}^{x_1} f(x)\,dx + \int_{x_1}^{x_2} f(x)\,dx + \cdots + \int_{x_{n-1}}^{x_n} f(x)\,dx \\ &= \sum_{i=1}^{n} \int_{x_{i-1}}^{x_i} f(x)\,dx\end{aligned}$$

이므로

$$\begin{aligned}\int_a^b f(x)\,dx &\approx \sum_{i=1}^{n} \frac{h}{2}(f(x_{i-1}) + f(x_i)) \\ &= \frac{h}{2}[f(x_0) + 2f(x_1) + 2f(x_1) + \cdots + 2f(x_{n-1}) + f(x_n)]\end{aligned}$$

으로 근사하면 오차는

$$\sum_{i=1}^{n}(\frac{f''(c_i)}{6} - f''\frac{(\xi_i)}{4})h^3$$

이다.

오차 $\sum_{i=1}^{n}(\frac{f''(c_i)}{6}-f''\frac{(\xi_i)}{4})h^3$ 의 각항 $(\frac{f''(c_i)}{6}-f''\frac{(\xi_i)}{4})h^3$ 은 h^3 에 대체로 비례하지만 $\sum_{i=1}^{n}(\frac{f''(c_i)}{6}-f''\frac{(\xi_i)}{4})h^3$ 에서는 이러한 h^3 에 비례하는 항이 n 개 더해지고 $h=\frac{b-a}{n}\propto\frac{1}{n}$ 이므로 전체적으로는 h^2 에 대체로 비례하게 된다.

〈사다리꼴에 의한 방법(Trapezoidal Rule)〉

$f(x), f'(x), f''(x)$ 가 구간 $[a,b]$ 에서 연속일 때

$$h=\frac{b-a}{n}\ (\approx 0)\ ,\ x_i-x_{i-1}=h,\ i=1,2,\cdots,n \text{ 이면}$$

$$\int_a^b f(x)\,dx \approx \sum_{i=1}^{n}\frac{h}{2}(f(x_{i-1})+f(x_i))$$

이고 이때의 오차는 h^2 에 대체로 비례한다.

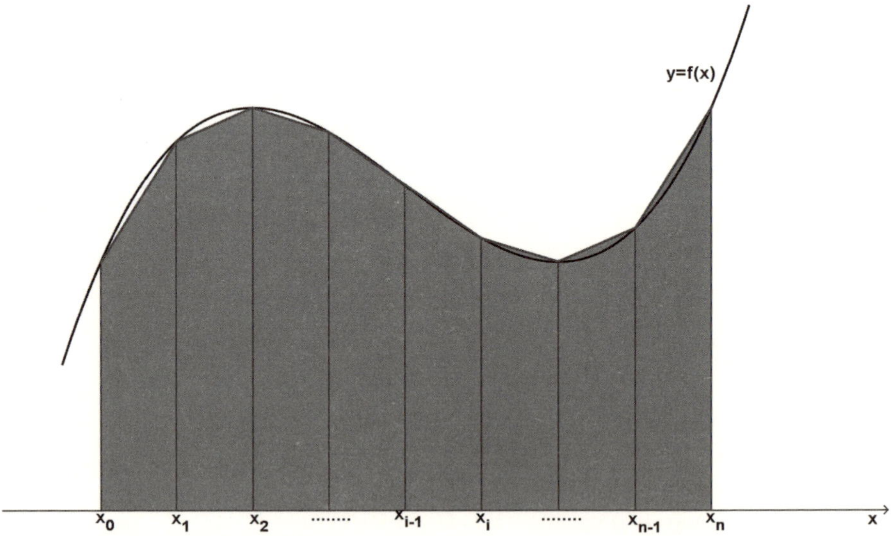

그림 6.2.2 사다리꼴에 의한 방법

〈예제〉

$\int_0^1 x^4 dx$ 의 사다리꼴에 의한 방법으로 근삿값을 구하고 오차에 대하여 설명하라.

[풀이]

$\int_0^1 x^4 dx$ 의 참값은 $\frac{1}{5}$ 이다.

사다리꼴에 의한 방법으로 $h = \frac{1}{2}, \frac{1}{4}, \frac{1}{8}$ 의 경우들을 각각 살피고 h 의 변화에 따른 오차의 변화를 보도록 하자.

$h = \frac{1}{2}$ 인 경우,

$n = 2, x_0 = 0, x_1 = \frac{1}{2}, x_2 = 1$ 이므로

$$\int_0^1 x^4 dx \approx \frac{h}{2}[f(x_0) + 2f(x_1) + 2f(x_2) + \cdots + 2f(x_{n-1}) + f(x_n)]$$

$$= \frac{1}{4}[0^4 + 2(\frac{1}{2})^4 + 1^4] = \frac{9}{32}$$

이고 오차는 $|\frac{1}{5} - \frac{9}{32}| = \frac{13}{160} \doteq 0.0813$ 이다.

$h = \frac{1}{4}$ 인 경우,

$n = 4, x_0 = 0, x_1 = \frac{1}{4}, x_2 = \frac{2}{4}, x_3 = \frac{3}{4}, x_4 = 1$ 이므로

$$\int_0^1 x^4 dx \approx \frac{1}{8}[0^4 + 2(\frac{1}{4})^4 + 2(\frac{2}{4})^4 + 2(\frac{3}{4})^4 + 1^4]$$

$$= \frac{113}{512}$$

이고 오차는 $|\frac{1}{5} - \frac{113}{512}| = \frac{53}{2560} \doteq 0.0207$

$h = \frac{1}{8}$ 인 경우,

$n = 8, x_0 = 0, x_1 = \frac{1}{8}, x_2 = \frac{2}{8}, \cdots, x_7 = \frac{7}{8}, x_8 = 1$ 이므로

$$\int_0^1 x^4 dx \approx \frac{1}{16}[0^4 + 2(\frac{1}{8})^4 + 2(\frac{2}{8})^4 + \cdots + 2(\frac{7}{8})^4 + 1^4]$$

$$= \frac{1681}{8192}$$

이고 오차는 $|\frac{1}{5} - \frac{1681}{8192}| = \frac{213}{40960} \doteq 0.0052$ 이다.

따라서 사각형에 의한 방법보다 좋은 근삿값을 구할 수 있고 오차도 h 를 반으로 줄여 감에 따라 오차는 $\frac{1}{4}$ 비율로 줄어들어 오차가 h^2 에 대체로 비례하는 것을 볼 수 있다.

〈심슨의 방법(Simpson's Rule)〉

사각형에 의한 방법이나 사다리꼴에 의한 방법은 모두 적분에 대한 좋은 근삿값을 제공해 주는데 사다리꼴에 의한 방법이 더 효율적인 것을 확인할 수 있다. 이 섹션에서는 오차가 h^4 비례하여 더 좋은 근삿값을 가지면서 공식(formula) 형태도 별로 복잡하지 않은 심슨의 방법(simpson's rule)에 대하여 살피기로 한다.

이 방법에서는 $[a,b]$ 를 $2n$개의 구간으로 나누어서 생각한다. 즉,
주어진 구간 $[a,b]$ 에서

$$h = \frac{b-a}{2n},$$

$$x_i - x_{i-1} = h,\ i = 1,2,\cdots,2n \quad (x_i = a + ih \text{ 가 된다.})$$

으로 정의하고 각각의 소구간 $[x_{i-1}, x_{i+1}]$ 에서 $n=3$ 으로 $f(x)$ 에 테일러 정리를 적용하면,

$$f(x) = f(x_i) + f'(x_i)(x - x_i) + \frac{f''(x_i)}{2!}(x - x_i)^2 + \frac{f'''(x_i)}{3!}(x - x_i)^3$$
$$+ \frac{f^{(4)}(\xi_i)}{4!}(x - x_i)^4$$

이다.

양변을 x_{i-1} 에서 x_{i+1} 까지 적분하면

$$\int_{x_{i-1}}^{x_{i+1}} f(x)\,dx = \int_{x_{i-1}}^{x_{i+1}} (f(x_i) + f'(x_i)(x-x_i) + \frac{f''(x_i)}{2!}(x-x_i)^2 + \frac{f'''(x_i)}{3!}(x-x_i)^3)\,dx$$

$$+\int_{x_{i-1}}^{x_{i+1}} \frac{f^{(4)}(\xi)}{4!}(x-x_i)^4\,dx$$

이고 $(x-x_i)^4$ 는 항상 양수이므로 <정리 6.2.1>에 의하여

$$\int_{x_{i-1}}^{x_{i+1}} f(x)\,dx = 2hf(x_i) + f''(x_i)\frac{h^3}{3} + \frac{f^{(4)}(c_i)}{4!}\int_{x_{i-1}}^{x_{i+1}} (x-x_i)^4 dx$$

(여기서 $c_i \in [x_{i-1}, x_{i+1}]$)

이고 따라서

$$\int_{x_{i-1}}^{x_{i+1}} f(x)\,dx = 2hf(x_i) + f''(x_i)\frac{h^3}{3} + \frac{2f^{(4)}(c_i)h^5}{5 \cdot 4!}$$

이다.

$f''(x_i)$ 를 함숫값들을 사용하여 표시하기 위해 소구간 $[x_{i-1}, x_{i+1}]$ 에서 $n=3$ 으로의 $f(x)$ 에 대한 테일러 정리,

$$f(x) = f(x_i) + f'(x_i)(x-x_i) + \frac{f''(x_i)}{2!}(x-x_i)^2 + \frac{f'''(x_i)}{3!}(x-x_i)^3$$

$$+\frac{f^{(4)}(\xi_i)}{4!}(x-x_i)^4$$

에 $x = x_{i+1}$ 과 x_{i-1} 을 각각 대입하면

(1) $f(x_{i+1}) = f(x_i) + f'(x_i)(x_{i+1}-x_i) + \frac{f''(x_i)}{2!}(x_{i+1}-x_i)^2 + \frac{f'''(x_i)}{3!}(x_{i+1}-x_i)^3$

$$+\frac{f^{(4)}(\eta_i)}{4!}(x_{i+1}-x_i)^4$$

$$= f(x_i) + f'(x_i)h + \frac{f''(x_i)}{2!}h^2 + \frac{f'''(x_i)}{3!}h^3 + \frac{f^{(4)}(\eta_i)}{4!}h^4,$$

(2) $f(x_{i-1}) = f(x_i) + f'(x_i)(x_{i-1}-x_i) + \frac{f''(x_i)}{2!}(x_{i-1}-x_i)^2 + \frac{f'''(x_i)}{3!}(x_{i-1}-x_i)^3$

$$+\frac{f^{(4)}(\eta_i)}{4!}(x_{i-1}-x_i)^4$$

$$=f(x_i)-f'(x_i)h+\frac{f''(x_i)}{2!}h^2-\frac{f'''(x_i)}{3!}h^3+\frac{f^{(4)}(\tau_i)}{4!}h^4$$

가 된다. 여기서 $\eta_i \in [x_i, x_{i+1}]$, $\tau_i \in [x_{i-1}, x_i]$ 이다.

식(1)과 식(2)를 더하면

$$(3) \qquad f(x_{i+1})+f(x_{i-1})=2f(x_i)+f''(x_i)h^2+\frac{h^4}{4!}[f^{(4)}(\eta_i)+f^{(4)}(\tau_i)]$$

이므로 식(3)의 양변을 h^2 으로 나누면

$$(4) \qquad f''(x_i)=\frac{[f(x_{i+1})+f(x_{i-1})-2f(x_i)]}{h^2}-\frac{h^2}{4!}[f^{(4)}(\eta_i)+f^{(4)}(\tau_i)]$$

이다.

위에서 구한

$$\int_{x_{i-1}}^{x_{i+1}} f(x)\,dx=2hf(x_i)+f''(x_i)\frac{h^3}{3}+\frac{2f^{(4)}(c_i)h^5}{5\cdot 4!}$$

에 식(4)를 대입하면,

$$\int_{x_{i-1}}^{x_{i+1}} f(x)\,dx=\frac{h}{3}[f(x_{i-1})+4f(x_i)+f(x_{i+1})]$$

$$+\frac{h^5}{4!}[\frac{2}{5}f^{(4)}(c_i)-f^{(4)}(\eta_i)-f^{(4)}(\tau_i)]$$

이 되므로 $\int_{x_{i-1}}^{x_{i+1}} f(x)\,dx$ 의 근삿값으로

$$\int_{x_{i-1}}^{x_{i+1}} f(x)\,dx \approx \frac{h}{3}[f(x_{i-1})+4f(x_i)+f(x_{i+1})]$$

로 하면 오차는

$$\frac{h^5}{4!}[\frac{2}{5}f^{(4)}(c_i)-f^{(4)}(\eta_i)-f^{(4)}(\tau_i)]$$

이므로 오차가 h^5 에 대체로 비례하게 된다.

이러한 근사식은 사각형에 의한 방법이나 사다리꼴에 의한 방법보다 오차가 훨씬 작으면서도 식의 복잡한 정도가 사다리꼴에 의한 방법과 비슷하므로 적분의 근삿값을 계산할 때 가장 많이 쓰인다. 이 방법을 심슨의 방법(simpson's rule)이라고 한다.

사각형이나 사다리꼴에 의한 방법에서와 마찬가지로 $[a, b]$ 에서 $f(x)$ 의 적분은

$$\int_a^b f(x)\,dx = \int_{x_0}^{x_1} f(x)\,dx + \int_{x_1}^{x_2} f(x)\,dx + \cdots + \int_{x_{n-1}}^{x_n} f(x)\,dx$$

$$= \sum_{i=1}^{n} \int_{x_{i-1}}^{x_i} f(x)\,dx$$

이므로 심슨의 법칙에 의하면

$$\int_a^b f(x)\,dx \approx \sum_{i=1}^{n} \frac{h}{3}[f(x_{i-1}) + 4f(x_i) + f(x_{i+1})]$$

$$= \frac{h}{2}[f(x_0) + 4f(x_1) + 2f(x_2) + 4f(x_3) + 2f(x_4)$$

$$+ \cdots + 2f(x_{2n-2}) + 4f(x_{2n-1}) + f(x_{2n})]$$

이고 이때의 오차는

$$\sum_{i=1}^{n} \frac{h^5}{4!}[\frac{2}{5}f^{(4)}(c_i) - f^{(4)}(\eta_i) - f^{(4)}(\tau_i)]$$

이다.

$\sum_{i=1}^{n} \frac{h^5}{4!}[\frac{2}{5}f^{(4)}(c_i) - f^{(4)}(\eta_i) - f^{(4)}(\tau_i)]$ 의 각항 $\frac{h^5}{4!}[\frac{2}{5}f^{(4)}(c_i) - f^{(4)}(\eta_i) - f^{(4)}(\tau_i)]$ 은 h^5 에 대체로 비례하지만 $\sum_{i=1}^{n} \frac{h^5}{4!}[\frac{2}{5}f^{(4)}(c_i) - f^{(4)}(\eta_i) - f^{(4)}(\tau_i)]$ 에서는 이러한 h^5 에 비례하는 항이 n개 더해지고 $h = \frac{b-a}{2n} \propto \frac{1}{n}$이므로 전체적으로는 h^4 에 대체로 비례하게 된다.

〈심슨의 방법(Simpson's Rule)〉

$f(x), f'(x), f''(x), f'''(x), f^{(4)}$ 가 구간 $[a,b]$ 에서 연속일 때

$$h = \frac{b-a}{2n}\ (\approx 0),\ x_i - x_{i-1} = h,\ i = 1,2,\cdots,n \text{ 이면}$$

$$\int_a^b f(x)\,dx \approx \sum_{i=1}^{n} \frac{h}{3}[f(x_{i-1}) + 4f(x_i) + f(x_{i+1})]$$

$$= \frac{h}{2}[f(x_0) + 4f(x_1) + 2f(x_2) + 4f(x_3) + 2f(x_4) + \cdots + 2f(x_{2n-2}) + 4f(x_{2n-1}) + f(x_{2n})]$$

이고 이때의 오차는 h^4 에 대체로 비례한다.

〈예제〉

$\int_0^1 x^4\,dx$ **의 심슨의 방법으로 근삿값을 구하고 오차에 대하여 설명하라.**

[풀이]

사각형과 사다리꼴에 의한 방법을 적용했던 때와 마찬가지로 심슨의 방법으로 $h = \frac{1}{2}, \frac{1}{4}, \frac{1}{8}$ 의 경우들을 각각 살피고 h 의 변화에 따른 오차의 변화를 보도록 하자.

$h = \frac{1}{2}$ 인 경우,

$x_0 = 0, x_1 = \frac{1}{2}, x_2 = 1$ 이므로

$$\int_0^1 x^4\,dx \approx \frac{h}{3}[f(x_0) + 4f(x_1) + f(x_2)]$$

$$= \frac{1}{6}[0^4 + 4(\frac{1}{2})^4 + 1^4] = \frac{5}{24}$$

이고 오차는 $|\frac{1}{5} - \frac{5}{24}| = \frac{1}{120} \fallingdotseq 0.008333$

$h=\frac{1}{4}$ 인 경우,

$x_0=0, x_1=\frac{1}{4}, x_2=\frac{2}{4}, x_3=\frac{3}{4}, x_4=1$ 이므로

$$\begin{aligned}\int_0^1 x^4 dx &\approx \frac{h}{3}[f(x_0)+4f(x_1)+2f(x_2)+4f(x_3)+f(x_4)] \\ &= \frac{1}{12}[0^4+4(\frac{1}{4})^4+2(\frac{2}{4})^4+4(\frac{3}{4})^4+(1)^4] \\ &= \frac{77}{384}\end{aligned}$$

이고 오차는 $|\frac{1}{5}-\frac{77}{384}|=\frac{1}{1920} \doteq 0.00052083$

$h=\frac{1}{8}$ 인 경우,

$x_0=0, x_1=\frac{1}{8}, x_2=\frac{2}{8}, x_3=\frac{3}{8}, x_4=\frac{4}{8}, x_5=\frac{5}{8}, x_6=\frac{6}{8}, x_7=\frac{7}{8}, x_8=1$

이고

$$\begin{aligned}\int_0^1 x^4 dx &\approx \frac{h}{3}[f(x_0)+4f(x_1)+2f(x_2)+\cdots+2f(x_6)+4f(x_7)+f(x_8)] \\ &= \frac{1}{24}[0^4+4(\frac{1}{8})^4+2(\frac{2}{8})^4+4(\frac{3}{8})^4+2(\frac{4}{8})^4+4(\frac{5}{8})^4+2(\frac{6}{8})^4 \\ &\quad +4(\frac{7}{8})^4+1^4] \\ &= \frac{1229}{6144}\end{aligned}$$

이고 오차는 $|\frac{1}{5}-\frac{1229}{6144}|=\frac{1}{30720} \doteq 0.00003255$

이다. 본 예제에서 볼 수 있듯이 사각형에 의한 방법이나 사다리꼴에 의한 방법보다 훨씬 좋은 근삿값을 구할 수 있고 h를 반으로 줄여 감에 따라 오차는 $\frac{1}{16}$ 비율로 줄어들어 오차가 h^4에 비례하는 것을 볼 수 있다.

〈예제〉 $\int_0^1 x^3 dx$ 의 근삿값을 심슨의 방법으로 구하라.

[풀이]

참값은 $\frac{1}{4}$ 이다.

$h=\frac{1}{2}$ 이면,

$x_0=0, x_1=\frac{1}{2}, x_2=1$ 이므로

$$\int_0^1 x^3 dx \approx \frac{h}{3}[f(x_0)+4f(x_1)+f(x_2)] = \frac{1}{6}[0^3+4(\frac{1}{2})^3+1^3] = \frac{1}{4}$$

이고 오차는 0 이다.

$h=\frac{1}{4}$ 이면,

$$\frac{1}{12}[0^3+4(\frac{1}{4})^3+2(\frac{2}{4})^3+4(\frac{3}{4})^3+(1)^3] = \frac{1}{4}$$

이고 역시 오차는 0 이다.

다른 h값을 적용해도 이 경우에는 심슨의 방법에 의한 근삿값이 참값과 같다.

〈연습문제〉

1. $\int_0^2 x^3\, dx$의 근삿값을 $h=\frac{1}{2}, \frac{1}{4}, \frac{1}{8}$ 으로 하여 사각형에 의한 방법과 사다리꼴에 의한 방법을 사용하여 구하라.

2. $\int_0^2 e^x\, dx$의 근삿값을 $h=\frac{1}{2}, \frac{1}{4}, \frac{1}{8}$ 으로 하여 사각형에 의한 방법과 사다리꼴에 의한 방법을 사용하여 구하라.

3. $\int_0^{\pi} \sin x \, dx$ 의 참값을 구하고 심슨의 방법을 $h = \frac{\pi}{2}, \frac{\pi}{4}$ 를 사용하여 근삿값과 오차를 계산하라.

4. $\int_0^1 x^3 \, dx$ 의 근삿값을 심슨의 방법으로 구할 때 여러 가지 h 에 대하여 구하고 오차에 대하여 설명하라.

7장. 다변수함수와 편도함수

자연이나 사회에서 일어나는 현상들은 한 가지 요인에 의하여 결정되기도 하지만 많은 경우 여러 가지 요인에 의하여 결정이 되므로 이러한 현상들을 수학적으로 표현하고 해석하기 위해서는 여러 개의 독립변수를 갖는 함수 (다변수함수)를 생각하여야 한다. 이 장에서는 다변수함수를 정의하고 그래프, 극한, 편도함수를 살피도록 한다.

1. 다변수함수

실수의 범위에서 다변수함수를 다음과 같이 정의한다.

[정의 7.1.1] 다변수함수

n 개의 실수들의 순서쌍들의 집합

$$R^n = \{(x_1, x_2, \cdots, x_n) \mid x_1, x_2, \cdots, x_n \text{ 은 실수}\}$$

에 대하여, R^n의 부분집합 D에 정의된 n 변수 함수 $f(x_1, x_2, \cdots, x_n)$는 D의 각 원소(element)에 하나의 실수(real number)를 대응하는 규칙을 의미한다.

D를 함수 $f(x_1, x_2, \cdots, x_n)$의 정의역(Domain)이라 하고
집합 $\{f(x_1, x_2, \cdots, x_n) \mid (x_1, x_2, \cdots, x_n) \in D\}$을 $f(x_1, x_2, \cdots, x_n)$의 치역(Range)이라 한다.

〈예〉

(a) 2변수함수 $f(x,y)=\sqrt{1-(x^2+y^2)}$ 의 정의역 D는

$$D=\{(x,y)\mid x^2+y^2\le 1\}$$

이고 치역은 $[0,1]$ 이다.

(b) 3변수함수 $f(x,y,z)=xy\ln z$ 의 정의역 D는

$$D=\{(x,y,z)\mid x,y \text{ 는 실수}, z>0\}$$

이고 치역은 모든 실수 이다.

(c) 4변수 함수 $f(x_1,x_2,x_3,x_4)=\sin\left(\dfrac{1}{x_1+x_2+x_3+x_4}\right)$ 의 정의역 D는

$$D=\{(x_1,x_2,x_3,x_4)\mid x_1+x_2+x_3+x_4\ne 0\}$$

이고 치역은 $[-1,1]$ 이다.

〈연습문제〉

다음 함수의 정의역과 치역을 구하라.

(a) $g(x,y,z)=\sin^{-1}(x+y-z)$ (b) $f(x,y)=\dfrac{1}{\sqrt{y-x^2}}$

(c) $f(x,y)=\dfrac{\sqrt{4-x^2}}{1+\sqrt{1-y^3}}$ (d) $f(x,y)=\dfrac{1}{\ln(1-xy)}$

2. 2변수함수의 그래프

1변수함수 $y=f(x)$ 의 그래프는 xy 평면에서 곡선으로 나타내어지듯이 2변수함수 $z=f(x,y)$ 의 그래프는 xyz 3차원 공간에서 곡면으로 나타내어지고 다음과 같이 정의한다.

[정의 7.1.2] 2변수함수의 $z=f(x,y)$ 의 그래프
함수 $f(x,y)$ 의 정의역을 D라 할 때, 집합

$$\{(x,y,f(x,y)) \mid (x,y) \in D\}$$

을 $z=f(x,y)$ 의 그래프라고 한다. 즉, $f(x,y)$ 의 정의역에 속하는 모든 점 (x,y) 에 대하여 3차원 공간에서의 점 $(x,y,f(x,y))$ 를 모두 모아 놓은 것을 $z=f(x,y)$ 의 그래프라고 한다.

$z=f(x,y)$ 의 그래프를 그리는 데 있어서는
(i) $z=c$ 인 평면과 $z=f(x,y)$ 의 그래프와 만나는 선, 즉 $z=c$ 인 평면에서

$$f(x,y)=c$$

를 만족시키는 점들의 집합을 생각한다. 이러한 선을 등위선(level curve)이라고 하고 이 등위선들을 상수 c 의 값에 따라 모두 고려하여 $z=f(x,y)$ 의 그래프를 그리는 방법,
(ii) $z=f(x,y)$ 를 직접 생각하여 그리는 방법
등이 있다.

〈예제〉
$z=x^2+y^2$ **의 그래프를 그려라.**

[풀이]
$z=c$, $c \ge 0$ 인 평면에서 $x^2+y^2=c$ 를 생각해 보자.
$c=0$ 이면 즉 xy 평면에서는 $x^2+y^2=0$ 이므로 $x=y=0$ 이 되므로 xy 평면에는 점 $(0,0,0)$ 만이 있다.
$c=1$ 이면 즉 $z=1$ 인 평면에서는 $x^2+y^2=1$ 이므로 중심이 점$(0,0,1)$ 이고 반지름이 1인 원이다.
일반적으로 $c>0$ 인 경우인 $z=c$ 인 평면에서는 $x^2+y^2=c$ 이므로 중심이 점$(0,0,c)$이고 반지름이 $\sqrt{c}$ 인 원이다.
따라서 이러한 등위선을 모두 모으면 $z=x^2+y^2$ 의 그래프는 아래 <그림 7.1.1>과 같이 선사시대 토기 모양의 곡면(surface)이 된다.

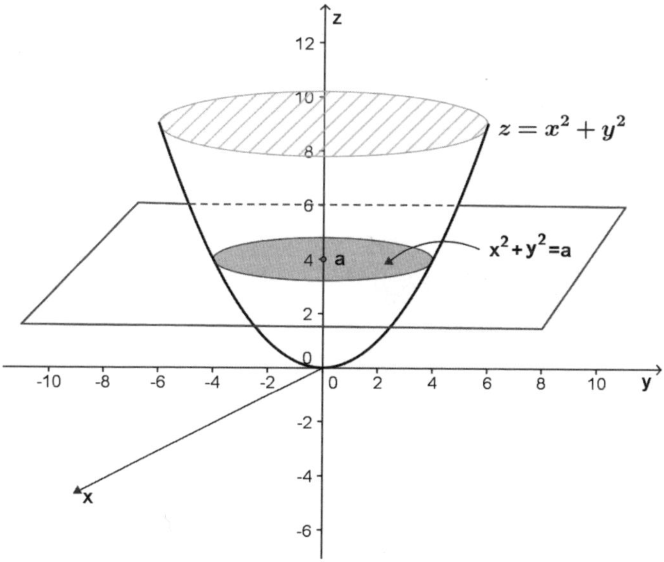

그림 7.1.1 $z = x^2 + y^2$ 의 그래프

〈예제〉

$z = 2\sqrt{4-(x^2+y^2)}$ **의 그래프를 그려라.**

[풀이]

$4-(x^2+y^2) \geq 0$ 이어야 하므로

정의역은 $x^2+y^2 \leq 4$ 인 영역,

치역은 $[0,4]$

이다. 따라서 $0 \leq c \leq 2$ 인 c 에 대해서 평면 $z = c$ 위에 있는 등위선의

방정식은 $x^2+y^2 = 4-c^2$ 이고

그래프는 중심이 $(0,0,c)$ 인 원

이 된다.

이러한 원들을 $0 \leq c \leq 4$ 인 c 에 대해서 모두 합하여 주면 <그림 7.1.2>와 같이 럭비공을 반으로 나눈 형태가 된다.

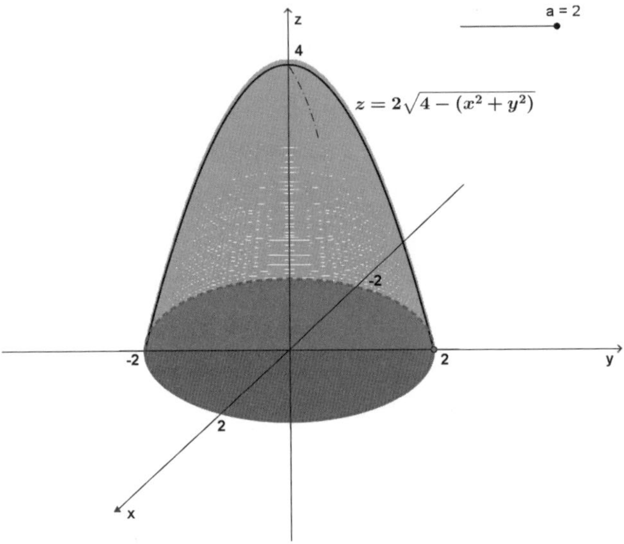

그림 7.1.2 $z=2\sqrt{4-(x^2+y^2)}$ 의 그래프

〈예제〉

$z=x^2-y^2$ **의 그래프를 그려라.**

[풀이]

이 경우에는 등위선을 그려 그래프를 그리는 것이 여의치 않으므로 방정식을 직접 생각해 보면

$$z=x^2-y^2 = (-x)^2+y^2$$

이므로 그래프는 yz 평면에 대칭이다.

$x=c>0$ 인 평면에서 그래프는 $z=-y^2+c^2$ 인 아래로 볼록인 포물선이고 c 의 값이 커짐에 따라 포물선의 꼭지점의 z 좌표가 커져 그래프는 <그림 7.1.3>과 같이 말안장(saddle) 모습을 갖게 된다.

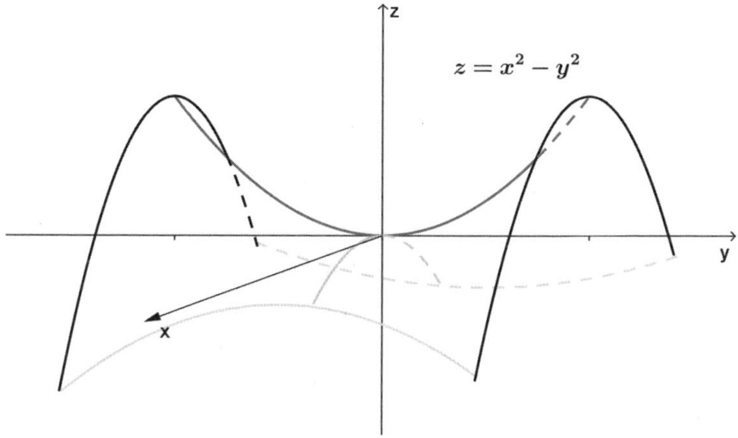

그림 7.1.3 $z=x^2-y^2$ 의 그래프

〈연습문제〉

다음의 그래프를 그려라.

(a) $x-y^2+2z^2=0$

(b) $z=\dfrac{xy^2}{x^2+y^2}$

(c) $z=(\cos x)(\cos y)e^{-\sqrt{x^2+y^2}}$

(d) $z=\dfrac{1}{x^2+y^2}$

3. 편도함수(Partial Diffrentiation)

[정의 7.3.1] 편도함수

$n-$변수함수 $f(x_1, x_2, \cdots, x_n)$ 에서 f 의 x_i 에 대한 편도함수(또는 편미분)는 $\dfrac{\partial f}{\partial x_i}$ 또는 f_{x_i} 로 표기하고 x_i 를 제외한 나머지 독립변수들

$$x_j,\ j=1, \cdots, n,\ j \neq i$$

을 모두 상수로 보고 x_i 에 관하여 미분하여 구해지는 함수이다.

위의 정의에 의하여

$$\frac{\partial f}{\partial x_i} = \lim_{h \to 0} \frac{f(x_0,\cdots,x_{i-1},x_i+h,x_{i+1},\cdots x_n) - f(x_0,\cdots,x_{i-1},x_i,x_{i+1},\cdots,x_n)}{h}$$

가 되고 이는 다른 변수들을 고정하였을 때 함숫값의 x_i 에 대한 순간 변화율을 의미한다.

〈예제〉

2변수함수 $f(x,y)=x^2+y^2$ 의 x 에 대한 편미분 f_x 와 y 에 대한 편미분 f_y 를 각각 구하라.

[풀이]

y 를 상수로 취급하면 y^2 의 x 에 대한 미분은 0 이고 x^2 의 x 에 대한 미분은 $2x$ 이므로

$$f_x = \frac{\partial f}{\partial x} = 2x$$

이고, 마찬가지로

$$f_y = \frac{\partial f}{\partial y} = 2x$$

이다.

〈예제〉

3변수함수 $f(x,y,z)=xy+\sin(yz)+e^{x^2y+z}$ 일 때 $\frac{\partial f}{\partial x}, \frac{\partial f}{\partial y}, \frac{\partial f}{\partial z}$ 를 각각 구하라.

[풀이]

x 로 편미분 할 때에는 y 와 z 를 상수로 취급하고, y 로 편미분 할 때는 x 와 z 를 상수로, z 로 편미분 할 때는 y 와 x 를 상수로 취급하면

$$\begin{aligned}\frac{\partial f}{\partial x} &= \frac{\partial(xy)}{\partial x} + \frac{\partial \sin(yz)}{\partial x} + \frac{\partial e^{x^2y+z}}{\partial x} \\ &= y + 0 + e^{x^2y+z} \cdot \frac{\partial(x^2y+z)}{\partial x} \\ &= y + 2xye^{x^2y+z}\end{aligned}$$

$$\frac{\partial f}{\partial y} = \frac{\partial(xy)}{\partial y} + \frac{\partial \sin(yz)}{\partial y} + \frac{\partial e^{x^2y+z}}{\partial y}$$
$$= x + \cos(yz) \cdot \frac{\partial(yz)}{\partial y} + e^{x^2y+z} \cdot \frac{\partial(x^2y+z)}{\partial y}$$
$$= x + z\cos(yz) + x^2 e^{x^2y+z}$$

$$\frac{\partial f}{\partial z} = \frac{\partial(xy)}{\partial z} + \frac{\partial \sin(yz)}{\partial z} + \frac{\partial e^{x^2y+z}}{\partial z}$$
$$= 0 + \cos(yz) \cdot \frac{\partial(yz)}{\partial z} + e^{x^2y+z} \cdot \frac{\partial(x^2y+z)}{\partial z}$$
$$= y\cos(yz) + e^{x^2y+z}$$

이다.

〈예제〉

$yz + \ln z = x + y$ **일 때** $\frac{\partial z}{\partial x}$ **를 구하라.**

[풀이]

$yz + \ln z = x + y$ 에서 z 는 x 와 y 의 음함수 형태이므로 z 는 x 와 y 의 함수로 생각하고 y 를 상수로 간주하여 양변을 x 로 미분하면

$$\frac{\partial(yz)}{\partial x} + \frac{\partial \ln z}{\partial x} = \frac{\partial x}{\partial x} + \frac{\partial y}{\partial x}$$
$$y\frac{\partial z}{\partial x} + \frac{1}{z}\frac{\partial z}{\partial x} = 1$$

이므로

$$\frac{\partial z}{\partial x} = \frac{1}{y + \frac{1}{z}} = \frac{z}{yz+1}$$

이다.

〈연습문제〉

다음 함수의 편도함수를 구하라.

(a) $f(x,y) = x^2 + xy - y^2$ (b) $f(x,y) = \frac{Ax+By}{Cx+Dy}$

(c) $f(x,y,z) = z\cos(x-y)$ (d) $f(x,y,z) = e^{-z}\sin(x+2y)$

4. 최소자승법(Least square method)

이 섹션에서는 xy 평면에서 주어진 데이터를 근사(approximate)하는 다항식을 구하는 방법에 대하여 경우에 따라 생각하기로 한다.

(i) 일차 다항식에 의한 근사식

$(x_1, y_1), (x_2, y_2), \cdots, (x_n, y_n)$ 이 거의 선형으로 주어진 경우 이 데이터의 경향을 유사하게 나타내는 직선의 방정식에 대하여 생각해 보자.

직선의 방정식을 $y = ax + b$ 라 놓으면 $x_1, x_2, \cdots, x_n$ 에서의 직선상에서의 y 좌표는 $ax_1 + b, ax_2 + b, \cdots, ax_n + b$ 이다. 따라서 y_i과 $ax_i + b$, $i = 1,2,\cdots,n$ 의 거리의 합이 최소가 되는 직선을 구하면 그 직선은 데이터의 경향을 잘 나타내게 된다. 즉

$$f(a,b) = \sum_{i=1}^{n} |y_i - (ax_i + b)|$$

을 최소화하는 a, b 를 구하여 주어진 데이터 $(x_1, y_1), (x_2, y_2), \cdots, (x_n, y_n)$ 의 경향을 보여 주는 직선의 방정식을 구할 수 있다. 그런데 식 $\sum_{i=1}^{n} |y_i - (ax_i + b)|$ 은 절댓값의 합이어서 미분을 하기에 어려움이 따르게 되므로 거리의 합 대신 거리의 제곱의 합

$$g(a,b) = \sum_{i=1}^{n} (y_i - (ax_i + b))^2$$

을 고려한다. $g(a,b)$ 는 미분하기에 용이하며 $f(a,b)$와 같은 의미를 가지므로 이 $f(a,b)$ 대신 $g(a,b)$ 를 사용하여 이를 최소로 하는 a, b 를 구하면 주어진 데이터 $(x_1, y_1), (x_2, y_2), \cdots, (x_n, y_n)$의 경향을 보여 주는 직선의 방정식을 구할 수 있게 된다.

$g(a,b)$ 를 전개하면

$$g(a,b) = a^2 \sum_{i=1}^{n} x_i^2 + 2ab \sum_{i=1}^{n} x_i - 2a \sum_{i=1}^{n} x_i y_i - 2b \sum_{i=1}^{n} y_i + nb^2 + \sum_{i=1}^{n} y_i^2$$

이다. 따라서 $g(a,b)$ 는 a 와 b 의 2차 다항식이고 a^2 과 b^2 의 계수가 모두 양수이므로 b 를 고정하여 상수 취급하였을 때 $g(a,b)$ 의 a 에 대한 편미분이 0 이고 a 를 고정하여 상수 취급하였을 때 $g(a,b)$ 의 b 에 대한 편미분이 0 일 때 최솟값을 가지게 된다. 그러므로

$$\frac{\partial\, g(a,b)}{\partial\, a}=0$$
$$\frac{\partial\, g(a,b)}{\partial\, b}=0$$

을 연립하여 a,b 를 구하면

$$a=\frac{n\sum_{i=1}^{n}x_iy_i-(\sum_{i=1}^{n}x_i)(\sum_{i=1}^{n}y_i)}{n\sum_{i=1}^{n}x_i^2-(\sum_{i=1}^{n}x_i)^2}$$

$$b=\frac{(\sum_{i=1}^{n}x_i^2)(\sum_{i=1}^{n}y_i)-(\sum_{i=1}^{n}x_iy_i)(\sum_{i=1}^{n}x_i)}{n\sum_{i=1}^{n}x_i^2-(\sum_{i=1}^{n}x_i)^2}$$

이 된다.

(ii) n 차 다항식에 의한 근사식

주어진 데이터{ $(x_i,y_i)|i=1,2,\cdots,l$ }을 n 차 다항식

$$P_n(x)=\sum_{k=0}^{n}a_kx^k$$

를 사용하여 근사식을 구하는 방법을 생각해 보자.
(i)에서와 마찬가지로

$$\begin{aligned} g(a_0,a_1,\cdots a_n)&=\sum_{i=0}^{l}(y_i-P_n(x_i))^2\\ &=\sum_{i=1}^{l}y_i^2-2\sum_{j=0}^{n}a_j(\sum_{i=1}^{l}y_ix_i^j)+\sum_{j=0}^{n}\sum_{k=0}^{n}a_ja_k(\sum_{i=1}^{l}x_i^{j+k}) \end{aligned}$$

라 놓고 연립방정식

$$\frac{\partial\, g(a_0,a_1,\cdots a_n)}{\partial\, a_i}=0,\ i=0,1,2,\cdots,n$$

인 $a_0, a_1, \cdots a_n$ 을 구하면 이는 $g(a_0, a_1, \cdots a_n)$ 를 최소화하는 $a_0, a_1, \cdots a_n$ 이고 이를 사용하여 주어진 데이터에 가까운 근사식

$$P_n(x) = \sum_{k=0}^{n} a_k x^k$$

을 구하게 된다.

그런데

$$\frac{\partial\, g(a_0, a_1, \cdots a_n)}{\partial\, a_i} = -2\sum_{j=1}^{l} x_j y_j^i + 2\sum_{k=0}^{n} a_k \sum_{j=1}^{l} x_j^{i+k},\ \ i = 0,1,2, \cdots, n$$

이므로

$$\sum_{k=0}^{n} a_k \sum_{j=1}^{l} x_j^{i+k} = \sum_{j=1}^{l} x_j y_j^i\ ,\ \ i = 0,1,2, \cdots, n$$

이 되어 다음의 연립방정식을 풀어 $a_0, a_1, \cdots a_n$ 을 구할 수 있다.

$$a_0 \sum_{j=1}^{l} x_j^0 + a_1 \sum_{j=1}^{l} x_j^1 + a_2 \sum_{j=1}^{l} x_j^2 + \cdots + a_n \sum_{j=1}^{l} x_j^n = \sum_{j=1}^{l} y_j x_j^0$$

$$a_0 \sum_{j=1}^{l} x_j^1 + a_1 \sum_{j=1}^{l} x_j^2 + a_2 \sum_{j=1}^{l} x_j^3 + \cdots + a_n \sum_{j=1}^{l} x_j^{n+1} = \sum_{j=1}^{l} y_j x_j^1$$

.

.

.

$$a_0 \sum_{j=1}^{l} x_j^n + a_1 \sum_{j=1}^{l} x_j^{n+1} + a_2 \sum_{j=1}^{l} x_j^{n+2} + \cdots + a_n \sum_{j=1}^{l} x_j^{2n} = \sum_{j=1}^{l} y_j x_j^n\ .$$

학술연구총서 78

인문사회학을 위한 수학

미분적분학과 응용

초판 발행1쇄 2016년 5월 20일

지은이 최정환

펴낸곳 고려대학교출판문화원
www.kupress.com
kupress@korea.ac.kr
02841 서울특별시 성북구 안암로 145
02-3290-4230, 4232
Fax 923-6311

찍은곳 네오프린텍(주)

ISBN 978-89-7641-901-9 94410
978-89-7641-352-9 (세트)

값 14,000원